patagonia
對地球最好
的企業

Let My People Go Surfing

The Education of a Reluctant Businessman,
Including 10 More Years of Business Unusual

Yvon Chouinard

伊方‧修納——著　但漢敏——譯

這是本超棒的書！……全書盡是真誠的故事、智慧的自覺和膽識過人的勇氣。每個想成為企業家的人、所有教授企管課程的學校，以及所有的 MBA 學程，都應該要買這本書。謝謝你，伊方！

——安妮塔‧羅迪克，美體小鋪（The Body Shop）創辦人

所有對 21 世紀貪婪的美國企業感到憤怒和失望的人，有一個激勵人心的名字能重燃你們的希望，那就是本書的作者——伊方‧修納。

——《舊金山紀事報》(San Francisco Chronicle)

向本書致上最崇高的敬意。知道有一家公司能如此堅定地信守自己的理念，還經營得如此成功，真是太令人振奮了！

——《華盛頓月刊》(Washington Monthly)

本書幾乎融合了 3 本書的豐富內容，包括：動人的自傳、一家特立獨行的企業故事，以及詳盡的未來環保理念規畫。

——賈德‧戴蒙，普立茲獎得主、《槍砲、細菌與鋼鐵：人類社會的命運》作者

本書呈現了伊方‧修納的為人，以及他如何思考出能保護環境的企業經營理念。……所有公司創辦人在閱讀伊方‧修納經營巴塔哥尼亞的方法後，都會心想：「我也應該在自己的公司這麼做。」……正如本書所示，誠實企業的力量其實可以非常強大。

——《Inc.》美國創業家雜誌

推薦序

擺脫過度消費，
買少一點也能過好一點

娜歐蜜・克萊恩（Naomi Klein），
《震撼主義：災難經濟的興起》作者
2015 年 7 月

> 「基於正當的理由，重複使用物品，
> 而非立即隨手丟棄，這就是愛地球的行為，
> 並且彰顯了一個人的尊嚴。」
> —— 方濟各，《願祢受讚頌》通喻：愛惜我們共同的家園

　　請珍惜你心愛的事物，比如一條河川、一座山、一件夾克、一雙健行靴，這些事物彼此息息相關，每一個都很重要。閱讀伊方・修納這本書後，我才清楚了解拋棄式產品之所以存在，是因為企業意圖將商品製造為僅供一次使用。而我們處理廢棄物的方式，也與我們破壞地球（萬物之源）的行為有深厚的關聯。

　　作為記者，我不認同跨國企業，即使巴塔哥尼亞如此「環保」，我的態度也依然不變。我過去花了許多時間挖掘全球供應鏈的真相，發現即使是最具公民意識的企業都有很骯髒的祕密，而且因為過度地擴張外包工作，所以有些祕密甚至連總公司自己也不知道。此外，我們當前的經濟體系正嚴重地傷害環境，在這樣的時刻，卻沒有任何一家公司願意找出解決環境問題的初步辦法，沒有一家企業展現出高尚的品德。

　　但巴塔哥尼亞是個例外。我毫無疑慮、且相當贊同這本了不起的書籍，因為伊方・修納不只想改變單一企業，他還想更進一步，嘗試改變整個商業體制。他試著挑戰消費文化，這正是造就全球生態危機的核心原

左圖 修納打造的全系列岩釘，幫助 1960 年代的登山家征服優勝美地的大岩壁。
© Glen Denny

因。從我的第一本書《No Logo》開始，我花費了20年研究企業的「漂綠」*行動，憑著過去的研究經驗，我能告訴你，伊方‧修納的嘗試是很罕見的。

我發現非常多企業（包括維珍集團、Nike以及蘋果）在行銷時，都聲稱自己是一間具有社會責任、甚至創新的公司，但是從來沒有哪家企業像巴塔哥尼亞一樣，會做一些沒辦法增加公司收益的事情。他們告訴消費者如果你已經有一件巴塔哥尼亞的夾克，就不要買第二件，還提供永久的維修服務、發起抗爭運動反對貿易協定，如太平洋夥伴協議。

這本書之所以吸引我，是因為巴塔哥尼亞很真誠地試著解決經濟發展和環境之間的緊張關係 —— 市場需求無止盡地成長，但是地球需要休息。這類嘗試是前所未有的，所以值得我們更深入關注，而伊方‧修納之所以能進行這些實驗，可能是因為巴塔哥尼亞是間股權封閉的未上市公司，不受股東和合夥公司掣肘。此外，除了環境問題，勞動問題也一直困擾著全球供應鏈。我承認，我不清楚經濟發展和環境間的緊張關係能否解決，唯一能確定的是人類仍在持續購買更多的商品，巴塔哥尼亞的規模也仍舊在成長。

在伊方‧修納的實驗中，他以地球的健康作賭注，我曾經在我的新書中提到，世界上沒有任何賭注比地球健康還要更重大了。以下是我書中的原文摘要：

全世界政府投入預防氣候變遷的工作已經超過20年了，從第一天起，討論就充滿了爭執和含糊的數據。大家總是刻意混淆焦點，實際行動也是拖拖拉拉，造成現在許多不可推託的災難性後果。聯合國的氣候協定談判從1990年開始，但是到了2013年，二氧化碳排放量還是比23年前增加了60%。[1]

2009年的哥本哈根氣候高峰會中，溫室氣體排放大國（包括美國與中國）簽署了一項不具強制力的協議，誓言將全球升溫控制在2℃以內（以工業化前的溫度水平為標準）。但各國政府不願意賦予協議強制力，所以大家可以自由地選擇是否要遵守，或甚至忽略協定。目前，大家確實完全忽視這項協議。

---

* 漂綠（greenwashing）是由「綠色」（green）和「漂白」（whitewash）組成的新詞。指企業、政府或是組織透過某些行動宣示自身對環境保護的付出，但實際作為卻反其道而行。

溫室氣體排放量增加得太快，除非經濟結構可以徹底地翻轉，否則把升溫控制在 2℃ 以內根本是有如烏托邦一般的夢想。在環境保護主義者拉響了氣候變遷警鈴的同時，世界銀行也在 2012 年發布一份氣候報告書，警告大眾「因極端熱浪來襲，世界升溫將邁向 4℃，造成全球食物存糧減少，生態系統和生物多樣性降低，海平面將上升至威脅人類生命的水準」。此外，還告誡大家「我們不確定人類能否適應升溫 4℃ 的地球」。英國廷道爾氣候變化研究中心（Tyndall Centre for Climate Change Research）前處長、現任副處長凱文・安德森（Kevin Anderson）說得更直：「暖化 4℃ 的地球，無法和任何有秩序、能實現公平，且文明的全球社群共存。」

　　我們不知道上升 4℃ 的地球會是什麼模樣，但是，即使是預估中最好的情況，看起來都會是一場災難。暖化 4℃ 會讓 2100 年的海平面比現在高出一公尺，有可能甚至到兩公尺，而且之後幾個世紀的海平面將維持同一個高度，只會有幾公分的小幅變動。馬爾地夫和吐瓦魯將消失，厄瓜多爾、巴西、荷蘭、加州以及美國東北部的很多海岸地區也會被淹沒，還要再加上不少南亞和東南亞的土地。波士頓、紐約、洛杉磯、溫哥華、倫敦、孟買、香港和上海，這幾個大城市的處境也岌岌可危。[2]

　　與此同時，足以殺死上萬人的恐怖熱浪也將來襲，富裕國家亦無法倖免，熱浪將成為南極以外每一大洲夏季的普遍現象。全球的主食作物產量將大幅銳減，印度小麥和美國玉米甚至可能減少 60％，但那時人類對主食作物和肉類的需求卻會因為人口增加而急遽上升。如果再加進災難性的颶風，還有猛烈的野外大火、匱乏的漁業資源、大範圍的停水、物種滅絕，以及肆虐全球的疾病，我們實在很難想像人類能在這種情況下，維持原本平和、有秩序的社會。

　　大家要謹記在心──上述都只是暖化 4℃ 左右最樂觀的預測，請不要引爆那個會讓暖化失控的臨界點。然而，更糟的是，很多主流分析師認為按照目前的溫室氣體排放狀況，人類正邁向一個暖化超過 4℃ 的世界。2011 年，一向嚴肅的國際能源署發布了一項報告，估計實際的暖化程度將達 6℃（10.8°F），能源署的首席經濟學家法提赫・比羅爾（Fatih Birol）指出：「任何人，即使是還在學校念書的孩子，都知道這暗示了一個災難性的未來。」[3]

這些預測報告就像你家中所有的警鈴同時大響一樣,接著,整條街上的警鈴一戶接著一戶地響,相當明顯地意味著氣候變遷已經成為一場危機,影響了人類的生存。

事後看來,我覺得人類也很難有更好的後果了。全球化的時代下,世界發展出進口和出口兩大貿易模式,前者不加節制地燃燒化石燃料,把各種浪費資源的商品、消費品和農產品引進世界上各個角落;後者同樣毫不留情的燃燒煤炭,只為把大量的產品輸送到遙遠的地區。換句話說,自由市場是靠著挖掘地球化石燃料支撐,人類汲取了史無前例的大量化石燃料,因此加劇了北極冰原的融化速度。

根據廷道爾中心副處長凱文·安德森以及其他研究溫室氣體排放的專家表示,過去 20 年來,大氣層中積存了太多的碳,如果我們想要把暖化溫度控制在各國決議的 2℃ 以內,就只能寄望富裕國家,這些國家每年要減少 8 ～ 10% 的碳排放量。一個必須依賴無止盡的成長才能存活的經濟體系,根本無法達成上述程度的減碳任務,過去也從未有過成功的例子。[4]

以上事件在在顯示我們的經濟體系正對環境系統發起一場戰爭,更精確一點地說,我們的經濟體系正對地球上各種生命體(包括人類)發動戰爭。環境和氣候系統避免崩潰的方式,是透過有限制地使用資源,但經濟體系卻是反其道而行,人類要靠著無限制地擴張資源使用才能避免經濟蕭條。如果想要拯救地球,人類只能改變經濟體系的運作方式,因為我們無法改變大自然。

面對如此艱困的境況,我們有機會成功拯救地球嗎?

如果我們只是學著成為「有道德」的消費者,就算有機會拯救地球也很難成功,因為消費之外的事情才是真正的關鍵,比如組織社會運動和政治運動推翻既有的遊戲規則,或是停止用購物來獲得滿足,轉而從大自然和我們所愛的人身上獲得最純真的快樂,這麼做才能挽回環境的健康。

此外,伊方·修納還教導我們要熱愛大自然,他過去之所以能成為攀岩器具製造界的第一把交椅,就是因為他渴望和自然有更密切的接觸。這份熱情從未消失,持續支持著他和巴塔哥尼亞的許多員工。如果我們可以把消費品僅視為幫助生活的媒介,但不讓它完全占據生活,取代了真實的

人生，那麼我們只需要非常少的產品，就能獲得快樂。而且，我們還應該盡量長久地使用已擁有的物品。

　　如果有夠多人能改變自己的生活型態，我們就有機會保護好維持生存不可或缺的地球，讓它持續地滋養、保護、養育所有的人類。

娜歐蜜・克萊恩。© Photo Courtesy of Naomi Klein

推薦序

Patagonia 是所有環保創業人
的典範和英雄

—— 朱平，肯夢 Aveda 創辦人、
漣漪人文化基金會創辦人

伊方・修納一直是我的英雄。這是一個 82 歲智者寫的書，如果今年要看一本有關創業以及經營管理的書，那麼我衷心推薦這本新版的《對地球最好的企業 Patagonia》。

2006 年本書的原文版出版時，我曾如此推薦：「這是一本展現創業人如何在創業過程中找到更高目的的另類書。伊方是 Patagonia 的創辦人，Patagonia 則是一家獨特的知名戶外運動服飾品牌，也是一家仍保有靈魂的真實企業。伊方將環保和地球永續當作他的事業動力，真的很讓人敬佩。他是環保創業人（Eco-preneur）的典範及英雄。」

15 年後，在這本新版書籍中，我更發現他對環保議題以及地球氣候變遷有了新的想法：在未來，農業將對二氧化碳排放有更大的影響。身為一個環保創業人，他現在想透過農業革命來改變我們對食物的看法。大家都在看巴塔哥尼亞食品業務（Patagonia Provisions）如何重新思考我們的食物鏈？如何用農業來減少二氧化碳排放，減緩氣候變遷的影響？

伊方・修納不僅是一個「被動」（Reluctant）的創業人，更是環保倡議者，他用生意、行動來改變並證明生意、環保和靈魂是可以並存的。我統整了他的經營理念：

第一，他的經營理念非常簡單，就是原文書名所代表的「讓我的夥伴去衝浪」（Let My People Go Surfing）。因為有浪時，就得馬上去衝浪，不能等的。他完全不在乎您什麼時候上班，花多少時間在工作上，他只在乎您有沒有完成該做的事。自己管理自己才是讓人獨立自主、自我實現的快樂原則。

第二，Patagonia 是私人企業，股權集中，從來不準備上市上櫃。因為他確信唯有如此，才能真正地保有企業的靈魂。只要有上市的想法，就不可能堅持自己的理想。這是創業人最重要的啟示。

第三，伊方·修納一直提醒企業不要為了成長而成長，因為成長的品質比成長的數字更重要。伊方·修納曾經為了追求成長而差點破產，所以他特別提到為成長而成長可能就是破壞地球生態的原凶。

第四，他相信「付稅」是最好的資本主義機制。我最欽佩他創立了「捐1％給地球」商業聯盟（1% for the Planet），因為他知道只要在地球上做生意，不管做的是什麼生意（即使是最環保的清潔能源、產品），都會傷害地球。因此，我們應該付地球稅，此稅可以用來修護地球。請注意這 1% 是指營業額，不是利潤，因為利潤還可以在開支上動手腳，營業額才最透明、最真實的數字。

我更佩服的是，他明明可以在懷俄明州付很低的個人所得稅，但他卻選擇在稅率最高的加州付稅。看一個人、一個企業，只要看他如何付稅，就能知道這個人及企業有無靈魂。

第五，基本上，大型上市企業很難改變自己。只有小型私人企業才能真正堅持自己的理想。伊方·**修納**不斷地告訴我們「公司雖小，但公司仍然**擁有很強大的社會力量**」。想要改變大型上市企業，只能從改變消費者開始，使用消費權來逼迫大型企業改變。

第六，伊方·修納在在提醒我們「品質」的重要性。品質本身也需要重新定義，品質應該是指：產品具有多功能、製造的過程盡量不要傷害地球及人類，而且可以用很久、可以維修、可以傳給下一代。他希望大家買少一點，但買的**品質要好一點**（Buy less ; buy better）。購買前要先考慮自己真的需要這件衣服嗎？消費者也要學會自己修補衣服，或是把衣服寄回Patagonia，他們提供終身修補的保障，Patagonia 也會將衣服轉讓、捐贈給需要的人。最後，如果衣服真的無法使用了，他們會將衣服割碎，製成再生材料，再做成新衣服。他認為這種循環經濟是未來重要的製造業思維。消費者要購買這種「可以用很久，又可以再生」的產品，來支持修護地球的行動。

第七，伊方・修納為了確定 Patagonia 的企業文化、經營理念不會因為他過世，而失去堅持下去的勇氣，他特別將公司登記為兼益公司（Benefit Corporation），並申請成為 B 型企業。

曾經有一個小孩，問伊方・修納為什麼愛大自然？他回答說：「因為我就是大自然的一份子。我希望我是屬於解決方案的一部分，而不是製造問題的一部分。」

希望您跟我一樣，開始上網瘋狂尋找伊方・修納的 Youtube 影片，相信您會跟我一樣，視他為您的英雄。

PS. 謝謝讀書共和國野人文化出版這本影響我很深的書。如果你曾買過 10 多年前的舊版，那就一定要買這本新版，讓我們跟伊方・修納一起學習保有初衷、發揚初衷。

推薦序

只有 Patagonia 才能超越 Patagonia

── 鄭涵睿，綠藤生機共同創辦人暨執行長
麻省理工史隆管理學院（MIT Sloan）MBA

「影響小型私人企業加入改善環境的行列」是 Patagonia 重要的環境理念；而太平洋彼岸的綠藤，就是一家被 Patagonia 深深啟發的公司。

第一次正式認識 Patagonia，是在 2013 年麻省理工學院永續企業策略（Strategies for Sustainable Businesses）的課堂上，這也是兩年 MBA 課程中，影響我最深的一堂課。Patagonia 是一家極度獨特的企業，它由一群戶外運動者與環保人士組成、限制自己的成長速度、引領 Nike 與 Gap 等企業擁抱有機棉、要求顧客不要買它的產品，到信任員工獨立自主（上班時間甚至可以隨時去衝浪），而這些策略的背後，是深植於企業 DNA 的永續理念。

Patagonia 著實撼動了我。

這是一個你越深入了解，就越相信它的品牌。在麻省理工畢業前夕，我購買了一件「未來要穿 10 年」的 Patagonia 外套，作為自己對環境的永續承諾。而 Patagonia 迅速成為我最崇尚的企業，也成為綠藤營運效法的對象。在幾年間，綠藤從成為 B 型企業、企業營運哲學、人才招募與文化準則、針對草根環保團體的捐款，甚至 2016 年度最重要的宣傳活動「別買這瓶潤髮乳，因為妳可能不需要」，都是受到 Patagonia 啟發之後，做出的努力。

Patagonia 作為一個以產品為根、倡導永續理念的企業，它的管理就像是一本與時俱進的教科書。綠藤不但效法 Patagonia，將「熱愛綠藤產品」與「利他精神」列入招募人才的標準，甚至希望公司新進的同事在深入理解綠藤之前，先透過個案分析與討論的方式認識 Patagonia，讓同事們從產品的意義、企業與環境的關係、供應鏈，到行銷的差異化做法，理解商業力量可能帶來的正向改變。

實際上，幾乎所有綠色企業的存在，對環境仍然會產生一定程度的負

面傷害，Patagonia 令人感佩的一點是他們正視並承認這個事實，定期誠實地檢視公司對環境造成的影響，並持續改善、對自己課徵「地球稅」，將 1% 的總營收捐獻給不同的環境運動團體和組織，補償自己犯下的錯誤，同時透過 1% for the Planet 協會鼓吹更多企業一起效法。在 2016 年的「黑色星期五」（美國零售業年度最關鍵的購物節日），Patagonia 完成了另一項業界壯舉，他們不只捐了 1%，而是將當日「100%」線上與零售店的營收捐給草根性環保團體，共捐出了 1,000 萬美金（約新台幣 3.2 億元）。我想，只有 Patagonia，才能超越 Patagonia。

走進綠藤台北的辦公室，您會從同事的衣著、背包、桌上的環保杯看到許多 Patagonia 的蹤跡，我們由衷感激這世界有這家企業的存在。還記得，在 2016 年第一屆 B 型企業亞洲年會上遇見 Patagonia 亞洲環境長篠健司先生，我興奮地向他致謝，因為 Patagonia 讓更多相信「以商業力量讓世界更好」的企業，能有真正值得效法的對象。

很期待這本書能帶給您一定程度的收穫！

目錄

PREFACE
作者序

「知而不行，是謂不知。」
── 王陽明，明代著名思想家

2005 年我寫這本書的最初目的，只是要提供巴塔哥尼亞內部員工一本哲學手冊。我沒想到這本簡單的書後來竟然翻譯成十種語言、成為高中和大學的用書，還對很多大型企業產生影響，哈佛大學甚至將巴塔哥尼亞當作研究對象，做了一份商業個案研究。我一直用自己的公司做實驗，從事一些非傳統的商業行為，雖然不能確定自己會不會成功，但我知道自己沒有興趣用「一般的商業法則」行事。現在，公司已經撐了將近半個世紀，而且營業得相當好，如果再把我們專為登山家成立的第一間公司 ── 修納戶外用品店算進來，那公司的成立時間就超過半個世紀了。目前巴塔哥尼亞旗下包括一個戶外服飾部門，以及一個食物部門，此外，我們還投資了幾家志同道合的新創公司。巴塔哥尼亞成為了一間大型企業，這相當地諷刺，因為我們過去從未夢想、也不願意成為現今的模樣。

我們一直很享受自己的工作，也認為不需要為了成為一家大型企業，而拋棄原先信仰的價值，所以巴塔哥尼亞的股權到現在還是封閉的。我們不想出售股票，變成一家上市公司會讓我們無法「用商業來啟發、落實可以解決環境危機的辦法」，這違背了巴塔哥尼亞的企業任務。

2005 年起地球的健康狀況就不大好了，已開發國家的一般大眾逐漸意識到，自己的行為會讓地球暖化的情況越來越危險。雖然有許許多多的書籍、文章、影片、科學家，甚至軍方都警告全球暖化是人類安全最嚴重的威脅，但政府、企業，以及你我，卻還是不願意採取有效的行動，來扭轉這個局勢。更令人絕望的是，全國公共廣播電台指出世界上甚至有80％的人沒有聽過全球暖化。[1]

即使一些大型公司已經做了很多的努力，試圖減少自己的生態足跡，

但所有衡量地球健康的指標還是指出狀況越來越壞。地球透過物質循環來提供我們一些必須的「服務」，比如：乾淨的水、清新的空氣、適合耕作的土地、健康的漁場，以及穩定的氣候。但是，根據全球足跡網絡組織（The Global Footprint Network）的估算，我們使用的資源量已經超過地球承載力的150％了。1973年巴塔哥尼亞成立時，地球人口只有40億，現在則已超過70億，到了2053年甚至會達到90億。[2]然而，這還不是最驚悚的事實。如此龐大的人口會以每年2.5～3％的速度成長，到了2050年，我們使用的資源量會超過環境承載力的3～5倍。你不需要去讀企管碩士都能知道地球會因此破產。

大型跨國企業掌控著各國政府，間接控制了各國的經濟決策，使得世界經濟就如同大型跨國企業一般，必須依賴無限制的成長和獲利。即使我們致力於讓地球更環保、更永續，但經濟成長卻會抹殺一切努力，而且大家都對經濟成長帶來的壞處睜一隻眼閉一隻眼，沒有人願意正視它。

人類用經濟模擬模型和環境模擬模型找出了一些混亂的改善辦法，以解決全球暖化造成的所有問題，試圖改變無法達成永續發展的能源使用方式和全球性的財富不均現象。我們以為自己找到了完美的解決方案，但是縱觀歷史，事情總是重蹈覆轍，許多帝國都是照著同樣一套劇本垮台的。如果你把全球化和資本主義視作一個巨大的「帝國」，那麼崩毀帶來的影響將非常深遠。

75年來，我嘗試了很多愚蠢而且危險的戶外運動，也有過夠多的瀕死經驗了。現在，我能坦然地接受自己將在某天死去，死亡並不會讓我太感到煩心。

生命既然有開始，就必然會結束，人類也一樣。物種演化，而後相繼消亡。帝國升起，最終破散四碎。商業生意會成長，最終亦不免倒閉。如此道理，從無例外，這些我都能接受。但是，我卻不忍目睹人類親手促成歷史上的第六次物種大滅絕，消滅地球上許許多多令人讚嘆的物種，破壞所有珍貴的原生文化，這讓我感到非常痛苦跟難過，因為人類似乎無力解決自身的困境。

社會上有越來越多邪惡的人事物，他們的力量也越來越強大，因此，

作為一家龐大而且具有影響力的公司，我們更清楚地認知到巴塔哥尼亞必須對社會負起責任，必須成為更具責任感的企業。

　　我重新修改本書的目的，是想告訴大家我們過去幾十年做了哪些努力，以及未來幾十年內還有哪些待完成的計畫，這些努力都能讓巴塔哥尼亞成為更負責任的企業。

戈壁沙漠裡有灰熊？這些灰熊值得我們奮力保護。© Joe Riis

早上在馬里布衝浪，下午在多岩尖（Stoney Point）使用抱石墊攀岩。1955 年攝於加州。© Roger Cotton Brown

Introduction

引言

　　我已經做了超過 60 年的商人。這話很難說出口，感覺就像要人承認自己酗酒或是在當律師一樣。我從來沒有尊敬過這份職業，因為商人得承擔許多指責，像是大自然的敵人、破壞所在地的文化、劫貧濟富，以及用工廠排出來的廢棄物毒害地球等等。

　　但從另一面來看，商業卻可以生產食物、治療疾病、控制人口、提供工作機會，大部分時候還能豐富我們的生活。商業可以成就上述諸多好事，無需失去原有的精神，並同時兼顧獲利。這也是本書的主旨。

　　就像 1960 年代在美國長大的許多人一樣，成長時期的我也鄙視大公司和那些阿諛奉承的政府。典型共和黨年輕人的夢想是要比父母賺更多錢，或是建立自己的事業，讓事業盡可能地快速成長、上市，然後退休，定居在「悠哉時光」（Leisure World）養老社區，打打高爾夫球。這種夢想從來沒有吸引我，我嚮往密切地接觸大自然，外加熱情參與（某些人所謂的）危險運動，這才是塑造我個人價值觀的基礎。

　　我和妻子梅琳達，及巴塔哥尼亞其他異於常人的員工，都從危險運動、大自然和獨特的生活方式學得寶貴的課程，並將其應用在公司經營上。我把巴塔哥尼亞當作實驗品，它存在的意義，是實踐宣傳末日觀的環保書籍中倡議應立即採取的行動，避免極有可能發生的自然破壞及文明滅亡。幾乎所有科學家都認為人類處於環境崩壞的邊緣，但是社會依然缺乏採取行動的意願。我們冷漠、懶惰、缺乏遠見，導致集體麻痺。因此，巴塔哥尼亞要挑戰傳統認知，呈現全新風格的負責任企業。我們一般都認為資本主義的特質是無止盡地成長擴張，這也是資本主義被指控為大自然兇手的原因，但我們相信這種體制應該要被取代。巴塔哥尼亞和旗下 2,000 名的員工都有方法、也有意願向整個商業體制證明，有良心的企業也能靠做正確的事情獲利。

　　我花了 15 年撰寫本書的第一版，因為我們希望巴塔哥尼亞在未來 100 年後還能繼續存在，所以我需要漫長的時間，才能向自己證明打破傳統的商業規則不僅可行，用新的方法甚至能做得更好！

History
公司歷史

1

左頁圖 1957 年我們在墨西哥聖布拉斯的海灘小屋中住了一個月，吃著魚和熱帶水果、打蚊子和蠍子，還用當地教堂的祈禱蠟燭幫衝浪板上蠟。
© Chouinard Collection

　　沒有一個小孩長大後想當商人。小孩會想當消防員、受贊助的運動員，或是山林巡防員。商場上的科赫兄弟、唐納‧川普等人都不是大家的英雄，只有那些抱持著相同價值觀的商人才會欽佩他們。我小時候希望能成為賣毛皮的人。

　　我的父親來自魁北克，是法裔加拿大籍的強悍男子漢。爸爸只念了三年書，就開始在家族農場工作，當時他只有九歲。在他十歲時，爺爺找他一起到緬因州的紡織廠工作，因為他是九個兄弟姊妹中最勤勞的孩子。後來的日子裡，他當過短期水泥匠、木匠、電工和水管工人，對一個小學三年級的孩子來說，這真是不錯的學習經驗。我出生在緬因州里斯本，老爸在這裡學習如何修理華倫波毛織坊的所有織布機。我認為自己遺傳了老爸熱愛工作的態度，以及喜愛高品質、特別是精密器具的特質。我有許多深刻的早期童年記憶，其中有一段是看到老爸坐在燒著木頭的廚房火爐旁，一邊喝威士忌，一邊以電工的勤奮態度從自己嘴巴裡拔出牙齒，好牙爛牙都有。老爸需要看牙醫，但是他覺得牙醫的收費太高，而且他自己就可以輕鬆完成牙醫的部分工作。

　　我猜我一定是在會走路前，就學會了如何攀爬，因為小時候我們租屋樓上的辛瑪神父會鼓勵我爬上樓梯，並給我一湯匙的蜂蜜作為獎勵。在我六歲時，哥哥傑洛德帶我出去釣魚，他會偷偷地在釣魚線的另一端掛上20多公分長的小梭魚，讓我相信那是我釣到的，我也真的上勾了，從此愛上釣魚。

　　里斯本幾乎都是法裔加拿大人，所以我在七歲之前念的是法文的天主教學校。

　　我的兩位姊姊朵莉絲和瑞秋分別大我九歲和十一歲，哥哥去從軍，爸爸一直在工作，所以我從小是在女人堆中長大，長大後我也比較喜歡那樣的環境。我媽媽依芳是家裡最有冒險精神的人，就是她建議全家在1946年搬到加州居住，因為她希望加州的乾燥氣候可以改善我爸的氣喘。

　　我們拍賣了所有的物品，包含父親徒手打造的家具，在難以忘懷的那

天，全家六人擠進克萊斯勒汽車，開往西方。到了 66 號公路的某處，我們在一棟印地安泥屋前停下，我媽拿出她為這趟旅程準備的食物，把玉米全給了一位印地安霍皮族婦人和她飢腸轆轆的子女們。那可能是我第一次學到何謂慈善。

抵達波本克後，我們與另一個法裔加籍家庭一起居住。當時我上的是公立學校，我是班上年紀最小的孩子，而且還不會說英文。我需要一直保護自己，因為我有一個「女生的名字」，所以我就做了所有未來企業家都會做的事：逃跑。

父母讓我轉學到一所教會學校，那裡的修女可以給我更多協助。那年我所有科目的成績都是 D。語言和文化差異讓我成為孤僻的小孩，大部分時間我都是自己一個人消磨，甚至在附近其他小孩都還不被允許自己過馬路時，我就會騎腳踏車到 7、8 英里外的私人高爾夫球場的一處湖邊，藏在柳樹林裡避開警衛，在湖裡釣翻車魚和鱸魚。後來我發現了格里斐斯公園中的都市林地和洛杉磯河，所以每天下課後就會去那邊用魚叉抓青蛙、設陷阱捕喇蛄，或是用我的小弓箭獵捕白尾灰兔。夏天時，我會在滿是泡沫的水池中游泳，那些水來自某個電影片廠膠卷沖洗室排放廢水的水管。所以要是我以後得了癌症，或許可以追溯回那個時候。

高中是最糟的時期。我有青春痘，不會跳舞，而且除了工藝課外，我對所有科目都沒興趣。我的「態度不佳」，總是被留校察看，還製造了不少麻煩，所以常常被罰寫「我以後再也不會……」這類句子 500 遍、甚至更多遍。但我同時也展露了創業家的特質，我會用小棍子和橡皮擦把三隻筆綁在一起，罰寫時就可以一次寫三行。我非常擅長運動，比如棒球和美式足球，但在觀眾面前表現時就會漏接球。我年紀很輕時就學到一件事，那就是玩自己發明的遊戲比較好，因為這樣就可以一直獲勝。我會在海中、在溪裡，還有在洛杉磯周遭的山坡上玩自己發明的遊戲。

有時候數學課實在太無聊，我就會盯著天花板，試圖算出滿布洞痕的隔音板上總共有多少個洞。歷史課時我則在練習閉氣，這樣週末我就可以不靠裝備潛水到更深的地方，去捕捉馬里布海岸邊豐富的鮑魚和龍蝦。上汽車維修課時，我會躺在滑車上，滑到我正在研究的車子下，只有當漂亮

女生過來換班時才會溜出來看她們的腿。

　　有些同儕跟我一樣無法適應環境，所以我們跟隨幾個大人一起組成了「加州馴鷹俱樂部」，成員包括音樂老師克萊姆斯（Robert Klimes）、加州大學洛杉磯分校的研究生凱德（Tom Cade）等人，我們會訓練老鷹和隼去打獵。春天的每個週末，我們都會去尋找鷹巢，有時候是幫政府在小鷹腳上綁記號環，有時候是帶小鷹去訓練。我們的俱樂部還負責制定了加州的首部馴鷹法規。

　　那是一生中影響我個人性格最多的階段。因為一個 15 歲的年輕人必須自己捕捉野生蒼鷹，整晚熬夜陪伴，直到蒼鷹終於建立起足夠的信賴感，願意在年輕人的手中闔目養神。接著，年輕人只能利用正向的激勵方式來訓練這隻驕傲的鳥。禪宗可能會問：「到底是誰在馴服誰？」

　　馴鷹俱樂部裡其中一位年紀較長的成員是唐・普蘭提斯（Don Prentice），他是攀岩家，會教導我們如何用繩索垂降到位於懸崖的鷹巢旁。他教我們如何將白棕繩纏繞在臀部和肩膀上（纏繩是從電話公司偷來的），藉以控制下滑的過程，在此之前，我們都只有用手抓住繩子，一點一點往下攀爬。當時，我們覺得垂降是有史以來最棒的運動，所以我們不斷練習、改良、創新，還自己製作了皮墊垂降服裝，好加快我們的動作。我曾在垂降時經歷一次瀕死經驗，那時我打算沿著以三條繩索串成的長繩從高處垂降。當我到達第一個串接繩結處時，長繩纏住了掛在我脖子附近的繩索。那些白棕繩太沉重了，所以我沒辦法把它們往上推以通過那個繩結。我懸吊在這些打結的繩索上超過一個小時，就在我決定放手迎接我的死亡時，白棕繩終於通過了繩結。我到達地面時，全身都在抽搐。

　　有時候，我和俱樂部的其他夥伴會跳上開往聖弗南杜谷西端的貨運火車，在多岩尖（Stoney Point）的砂岩懸崖上練習垂降技巧。我們沒有專業配備或登山靴，要不是只穿球鞋，不然就是光腳。

　　我們從來沒有想過要攀爬懸崖，直到某天我從多岩尖的一個裂口往下垂降，遇到一位來自山巒俱樂部的傢伙，他正在往上爬！於是我們請唐・普蘭提斯指導我們更多攀岩的技巧。那年六月，16 歲的我開著自己在汽車維修課中修好的 1940 年福特車，前往懷俄明州。我還記得獨自沿著內

華達沙漠一路開去的美好感覺，在38℃的高溫下，我經過那些停在路邊的奧斯摩比和凱迪拉克汽車，它們都因為過熱而打開了引擎蓋在散熱。

我與唐·普蘭提斯和幾位年輕人約在懷俄明州的潘戴爾碰頭，輕裝進入北邊的溫德河嶺。我們打算攀爬甘尼特峰，那是懷俄明州內的最高峰，但是我們沒有導覽手冊，結果似乎迷路了。我想要從西側上山，其他人則想要從小峽谷往北邊走。於是我們分頭進行，我自己爬上了西面的懸崖群。那天稍晚，我獨自一人抵達山頂，身處雷電交加的暴風雨中，穿著鞋底平滑的席爾斯工作靴在陡峭的雪地上到處亂滑。

離開懷俄明州後，我開車到堤頓，把整個夏天都花在學習攀岩上。我最後甚至還說動兩位來自達特茅斯、打算要攀爬西莫奇峰田普雷頓谷的岩友，讓我加入他們的攀岩行列。得以和他們同行之前，其他攀岩者都因為我缺乏經驗而拒絕了我，所以我沒跟那兩位岩友詳細談論自己的攀岩經驗。那是我第一次真正用繩索攀岩，但是我卻裝成老鳥，盡往前衝，即使他們要求我在一段又濕又滑的山谷上帶頭也一樣，那是整段路程中最困難的路線。他們遞給我岩釘和登山鎬，但是我根本不懂如何使用，不過我還是自己揣摩出功能，想辦法用上。那趟旅行後，我每年夏天都會回到堤頓進行三個月的攀岩之旅。現在我回頭看自己早期的攀岩史時，有時都覺得自己能活下來還真是奇蹟。

上圖 葛倫·伊克薩姆是登山嚮導、音樂教師，也是傑出的毛鉤鱒魚釣客。攝於1983年。

　　我也會在堤頓釣魚。17 歲時，我看到葛倫・伊克薩姆（Glenn Exum）在登山學校小屋旁，教他兒子艾迪如何甩投釣竿。葛倫是山谷中的登山嚮導，也是攀岩界的傳奇，他同時還是一流的甩竿者和傑出的毛鉤釣客。當他發覺我在觀察他們時，他高喊：「過來這裡吧，孩子！」接著就開始教我如何用蟲餌甩竿。從此之後，我就收起了釣竿捲線器和擬似餌，只使用毛鉤釣魚。

　　1956 年我從高中畢業之後，進入社區大學就讀了兩年，一邊充當我哥的臨時工，他那時在經營一家私人徵信社「麥克康納事務所」。事務所的大主顧是霍華・休斯*，我們接的工作通常都不太好聽：例如追蹤休斯身邊無數年輕女明星的行程，或是看顧遊艇，避免遊艇「受細菌感染」**，還有幫休斯藏身到隱蔽之處，讓法院無法傳他出席環球航空的訴訟。

上　圖　我在自己的第一家店鋪外鑄造岩釘，位於波本克。背景的衝浪板是我用輕木和玻璃纖維製作的。我後來把衝浪板拿去交換福特 A 型汽車引擎。攝於 1957 年。
© Dan Doody

右頁上圖　優勝美地的攀岩先鋒兼鐵匠約翰・薩拉瑟。他的賓州鐵工廠（Peninsula Ironworks）品牌識別是傳統的菱形英文字母 P，也是修納戶外用品（Chouinard Equipment）菱形英文字母 C 商標的靈感來源。© Tom Frost

右頁下圖　手工打造的失箭系列岩釘，除了具備岩釘的功能，它們可以作為岩械取出器和石塞。© Olaf Anderson

學校放假時，我會跟朋友開著花 15 塊錢買來的 1939 年雪佛蘭，一起南下到下加利福尼亞的野外以及墨西哥大陸的海岸去衝浪。某次旅程中我們經歷了 19 次爆胎，所以只好把牙刷和衣服塞到後輪裡，一步一步地走完最後十多哩路，進入馬薩特蘭。我們總是因為喝到不乾淨的水而生病，可是又沒錢買藥，所以我們會把火堆中的木炭磨成粉，混合到鹽水中，當成催吐劑飲用。

　　我很快就了解，若是我的餘生都要喝髒水，並在第三世界的路邊小販或市場中吃飯的話，那我最好要適應這種情況。對水土不服的腹瀉和賈第蟲病產生自然抗體並不容易，但你若拒絕吃抗阿米巴劑和抗生素，同時不喝經過碘或氯處理的飲用水，就能逐漸產生免疫力。這有點像順勢療法。我現在去垂釣時，還是會生飲溪水（除了那些浮著鮭魚屍體的溪），但卻很少生病。

　　回到加州後，我開始會在冬季的週末去多岩尖玩，春秋兩季則是去棕櫚泉的塔奎茲山。我在那裡遇見了幾個山巒俱樂部的年輕岩友：賀伯特（TM Herbert）、羅伊爾・羅賓斯（Royal Robbins）、湯姆・弗斯特（Tom Frost）、包柏・坎普斯（Bob Kamps）等等。後來我們從塔奎茲山轉往優勝美地攀岩，那裡的大岩壁幾乎沒人爬過。

　　1957 年時，我在廢物堆積場買了一台二手燃煤爐、一個 138 磅重的鐵砧，以及鉗子和鐵鎚，開始自學打鐵。我想製作自己的攀岩裝備，因為那時我們開始長時間攀爬優勝美地的大岩壁，需要安置數百個岩釘。當時所有的攀岩裝備都是歐洲製的，歐洲人認為登山就是要「征服山頭」，所以岩釘敲進去以後，就必須留在岩石內，所有的裝備也必須留在原地好讓以後的人也可以使用。如果你想把那些鐵岩釘拔出來再次利用，釘頭常常會斷掉。

　　美國的登山家卻不同，我們是看愛默森、梭羅、約翰・穆爾等超驗主義作家長大的，我們爬山、進入荒野後不會留下任何曾經造訪的足跡。

　　約翰・薩拉瑟（John Salathé）曾經利用舊的福特 A 型車輪軸打造出較好

用的岩釘，他是瑞士鐵匠也是攀岩者，曾在首次攀爬優勝美地失箭裂口（Lost Arrow Chimney）時使用那種岩釘，但是他已經停止製作了。

　　我製作的第一批岩釘是用收割機的舊鉻鉬鋼刀鋒製作，早期我和賀伯特在攀登優勝美地的失箭裂口和哨兵岩北面時，就是利用這批岩釘。這批岩釘較堅硬耐用，正好適合釘入優勝美地那些才剛開始有人去攀爬的裂隙，而且這批岩釘可以拔出後再次利用。我為自己和一起攀岩的朋友製作了這批專門應付失箭裂口的岩釘，結果朋友的朋友也想要，但我一個小時只能鑄造兩根鉻鉬鋼岩釘，所以我就用每根一塊半的定價賣出。當時歐洲製的岩釘只要20分錢，但是你若想要像我們一樣走在攀岩運動的最尖端，那就需要擁有我的新器材。

　　我除了製造岩釘之外，也想製作更堅固的登山鉤環，所以我在1957年向父母借了825.35美元，購買了一台沖鍛模。我開車到美國鋁業公司的加州總公司，當時我18歲，滿臉落腮鬍，穿著Levi's的皮革涼鞋，抓著一把細算到35分錢的現金。美國鋁業公司的人搞不清楚要如何用公司的系統處理我這筆現金，不過他們還是賣給我一台沖鍛模。

　　我父親協助我在波本克的後院用舊雞舍蓋出了一家小店鋪。我擁有的大部分工具都是可搬動的，所以我可以把工具都塞到車子裡，開車在加州沿岸的大南方岬和聖地牙哥之間到處衝浪，然後在移動到下個海灘前，拖著我的鐵砧到海邊，用冷鑿和鐵鎚切割出角岩釘。我靠著在垃圾桶裡翻找垃圾和回收汽水瓶賺得車油錢，有一次我還發現一個冷凍櫃，裡面裝滿了稍微解凍了的肉品。

　　接下來的幾年，我會在冬天的幾個月裡製作裝備，然後在4～7月間到優勝美地攀岩，夏日酷暑時則前往加拿大或懷俄明州的高山和阿爾卑斯山，秋天再回到優勝美地，待至11月降雪。那段期間，我都是靠販賣後車廂裡的裝備餬口，不過收入很微薄就是了。有段時期，我曾經好幾個星期都必須用五角到一塊錢左右的額度來捱過整天。某年夏天要前往落磯山之前，我的朋友肯·威克斯（Ken Weeks）和我一起在舊金山的瑕疵罐頭賣場裡買了幾箱有凹痕的貓食罐頭。我們在貓食裡加入燕麥、馬鈴薯、地松鼠、藍松雞，還有用冰斧宰殺的豪豬等等。一年當中，我有超過200天是

睡在老舊的軍用睡袋裡。我一直到快 40 歲才買帳篷，因為我比較喜歡睡在巨石下，或是低垂著樹枝的高冷杉下。

1958 年我和登山夥伴肯・威克斯在加拿大的巴格布（Bugaboos）爬山，那時我們極度缺乏蛋白質，所以打算抓松鼠吃。我們用一種典型的童軍陷阱，把食物放在鍋子的底部後，拿一塊石板覆蓋在鍋子上，再用棍子撐起石板的一邊。等松鼠跑進鍋子吃食物時，就拉動綁在棍子上的繩子，讓石板落下蓋住鍋子。但要怎麼把被關在鍋子裡那隻火大的松鼠拿出來呢？你可以在鍋子的邊緣放一點輕油，點燃它，這樣就可以把裡面的氧氣抽乾。等個一、兩分鐘再打開蓋在鍋子上的石板，這樣就能得到一隻死掉的松鼠。

我和肯・威克斯稱自己為「山賊」，因為當我們在優勝美地中野營超過 14 天的期限時，就會藏身在第四營區的隱蔽處或縫隙間以躲避巡防員。我們是物質消費主義的反叛軍，攀岩和攀登冰瀑這類運動無法為社會帶來經濟價值，反而讓我們感到特別驕傲。政客和商人都只會油腔滑調，公司、企業更是萬惡之源。大自然才是我們的家。我們的英雄是歐洲的攀岩家加斯頓・里布法（Gaston Rebuffat）、李家圖・卡辛（Ricardo Cassin），以及赫曼・布爾（Hermann Buhl）等人。我們就像是活在生態系邊緣的野生物種 —— 適應力強、恢復力快，而且十分堅韌。

上頁 修納的第一批鉤環，完全使用雜貨店買得到的席爾斯牌直立鑽床打造。
© Courtesy of Patagonia

036　　右頁 道格‧湯普金斯在費茲羅伊峰。攝於 1968 年。© Chris Jones

「以身涉險不是偉大的登山家所追求的目標。
他們追求的是像隻幼蟲般艱困地匍匐攀行的過程，
他們必須通過這項考驗，才能享受登頂那瞬間的喜悅。」

—— 里昂內爾・泰拉瑞（Lionel Terrary）
《無用之物的征服者》（Conquistadors of the Useless）

　　我們處在廉價化石燃料時期的顛峰，你可以用 20 美元買一台車，一加侖的石油只要 25 分錢，露營是免費的，而且你隨時都找得到一份兼職工作。

　　1962 年的秋天，我從東岸攀岩回來後和查克・普萊特因為在亞利桑那州溫斯洛搭乘貨運火車遭到逮捕，結果我們在牢裡待了 18 天。罪名是「缺乏明顯的謀生方法且漫無目的地閒晃」。出獄時，我們兩人都因為監獄裡的白麵包、豆子和燕麥等伙食，各瘦了 20 磅。出獄後我們身上只有 15 分錢，外面還下著雪，警察卻只給我們半小時的時間離開鎮上。我們從來沒想到要打電話給父母或朋友求助，因為攀岩教導我們要依靠自己，那個年代是沒有救援隊的。

　　幾週後，我被徵召入伍。我試圖讓自己無法通過體檢，選擇喝一大瓶的醬油來增高血壓，結果卻弄得自己很不舒服，血壓無法下降。我只好入伍，被分派到歐德堡營區。我厭惡權威，而且當兵必須關閉攀岩的小生意，

這更讓我一肚子火，所以我跟軍隊處得很不好。由於我的職業是「鐵匠」，所以根據軍隊的邏輯，他們打算讓我當勝利女神飛彈系統的技工。新兵訓練完後，我在前往韓國前，匆忙地娶了一位波本克的女孩為妻。在韓國，我唯一會做的事就是製造問題，例如「不小心忘記」向軍官敬禮、不修邊幅、絕食抗議，還有為了躲避軍法審判裝瘋賣傻，然後恢復正常。最後，軍隊把我派去跟普通老百姓一起工作，在那邊我只需要每天打開和關閉發電機就好，但這些事情我都花錢請朋友去做，因此我有了很多的自由時間，我會跟幾位韓國的年輕攀岩者到首爾附近遍布著花崗岩壁的北漢山進行首攀。

　　我在 1964 年奇蹟般地順利退伍。然而，回家後面對的卻是一次失敗的婚姻。我立刻前往優勝美地的山谷，與普萊特、弗斯特和羅賓斯一起到船長岩的北美岩壁（North American Wall）進行十天首攀。當時，那裡應該是全世界最難攀爬的大岩壁。同年秋天，我再度製作起自己的攀岩裝備，同時將工作地點移到波本克靠近洛克希德飛機工廠的錫皮小屋中。那時，我第一次推出型錄，但那其實只是一張用油印印出品項和價錢的清單，在最下面還坦白註明說：「請勿期望在 5 ～ 11 月之間能快速出貨。」

左頁圖　我和一起攀岩的韓國朋友合照，在首爾附近北漢山的仁壽峰。攝於 1963 年。
　　　　© Courtesy of Patagonia
上　圖　船長岩的高聳北美岩壁，由於岩壁上的暗色區域近似美洲地圖，因而得名。
　　　　© Tom Frost
下頁圖　在北美岩壁大屋頂（the Great roof）攀岩。© Tom Frost

039

北美岩壁第 17 號路線，1964 年 10 月

撰文／伊方・修納

天很快就黑了⋯⋯跟平常一樣，我們待會兒要在黑暗中攀岩。摸黑攀岩真的讓人神經緊張，連想打個正確的繩結都看不見。

「自殺狂人」普萊特離我不遠，掛在我下方幾呎，他等著弗斯特在懸岩下帶頭攀到滿是塵土的風化片狀岩角之後，再接著往上吊拉。大家真的都很緊張。湯姆用岩釘攀爬這段危險的路線時表現極佳，速度快得驚人。他安全抵達了大岩頂，安置好一個錨樁和幾個岩釘。

我在一片漆黑之中，全憑感覺和岩錘敲打岩釘時偶爾散出的火花，攀完了這段路線。但有兩枚岩釘沒有回收。我的手指腫得有如小香腸，手腕也因敲打岩釘而痠痛不已，但是最讓我害怕的還是摸黑攀岩。

我打下另一個確保點。我們的位置真是不可思議——一片巨大的內角岩面在六公尺高的岩頂下中斷。下方的岩壁超出懸崖底部太多，所以我們也不可能就此撤退，從岩頂上方越過還比較可能——如果我們真的能抵達岩頂的話。午夜之際，我們每個人都在彼此上方設好了岩錘。羅賓斯和普萊特的岩錘連接起了交角的兩面岩壁。不過這還算是不錯的紮營地點，我們都因為筋疲力竭而睡著了。

　　我雇用的首批「員工」是我的攀岩朋友，例如雷頓‧寇爾、蓋瑞‧漢明、比爾‧強森、東尼‧傑森，以及丹尼斯‧翰奈克等。工作的大致內容是打鐵、磨光，還有粗略的機械加工。1966年時，我從波本克搬到芬特拉，因為那裡離芬特拉和聖塔芭芭拉的浪點更近。我在一家廢棄的屠宰包裝場中租了間錫皮鍋爐室，在那邊開了店面。

　　攀岩裝備的需求量不斷成長，我趕不及手工製作，因此開始使用更精密的工具、印模和機器。我與湯姆‧弗斯特和他太太朵琳合夥工作。湯姆是航空工程師，熱愛設計和美學，朵琳則負責簿記和商業方面的事項。我與弗斯特合作的九年中，我們幾乎重新設計、改良了所有的攀岩裝備，讓每種裝備都更堅固、輕巧、簡單，且功能強大。我們最注重的一直都是品質，因為如果裝備出問題，就會害死人，而且我們自己就是最忠實的顧客，所以非常有可能害死的就是自己！我們的設計原則來自法國飛行員聖修伯里的一段話：

　　你是否曾想過，不只是飛機，還有一切人類製造的東西、一切人類的工業結晶、一切的計算和估測、所有用來繪製草稿和藍圖的夜晚等等，在經歷

一切努力後，唯一且終極的指導原則只是「簡潔」。

　　似乎有一條自然法則注定讓人走向「簡潔」，讓人精鍊某一器物的曲線，可能是船的龍骨，也可能是飛機機身，直到物品顯露出最自然、最純粹的人類胸形或肩膀曲線。這段過程必須經過好幾代工匠的實驗。最終達到完美時，並不是因為物品已經沒有可以添加的部分，而是已經沒有可以消去的部分了，因為軀體已經被褪除到最原初的樣貌。

　　學習「禪」教會我「簡化」，簡化可以得到更豐富的成果。攀岩者如果能把所有的設備都放在山壁底部，只靠著自己的技巧和岩石特性徒手攀爬，這就表示他已成為一位擁有完美技術的登山大師。

　　我在鑄造岩釘時，也在練習禪。我像個鐵匠一樣一天工作 8 ～ 10 個小時，拿起岩釘，重擊它、再放回去重新加熱，然後拿起另外一個岩釘，這個過程中我絕對不會交叉我的手臂，並且除去多餘的動作，避免浪費力氣，直到工作的流程像日本茶道及弓道那樣流暢。在長長的一天結束後，當我注視著一個生鏽的舊油桶時，它會像十億顆微小的紅寶石似地在我眼前閃閃發亮。

　　　　在鐵匠店裡打造落錘。

當你在山壁底部擺出所有裝備，計畫一趟攀岩旅程時，一眼就可看出哪些裝備是由修納戶外用品製作的。我們的裝備擁有與眾不同的簡潔線條，而且也是市面上最輕、最強韌、功能最佳的裝備。其他的設計師在改良工具時會增添元素，但是弗斯特和我則會以消去法來減輕工具的重量和體積，同時不犧牲強韌度或安全性。

　　我們需要更多的幫手，所以就繼續雇用朋友。1960 年代中期，我在衝浪海灘上以月租 75 美元租了一間小屋，旁邊隔了幾戶就是羅傑‧麥迪維特和他妹妹克莉絲的住處。剛開始，幫我們工作的是克莉絲，她擔任包裝助手，羅傑則在越戰後以擁有三枚紫心勳章的年輕軍官身分退役，來到我們的打鐵鋪幫忙工作。

　　羅傑擁有經濟學學位，他天生就有商業頭腦，因此很快就從幫忙店裡的作業，轉為協助批發和零售，最後更成為經理。他的第一份工作是打造大鋁釘上的鉚釘。大鋁釘是大角度的岩釘，適用於較寬的裂隙，這種岩釘的鉚釘需要用鎚子敲至平滑。羅傑會在天氣晴朗時，在院子裡找個沒有狗兒或其他員工占據的好地方，然後坐在地上錘打那些岩釘一整天，非常仔細地打造出完美的圓釘頭。

我們在這間古怪的店面中製作全世界最棒的攀岩工具。攝於 1970 年。
© Tom Frost

攀岩者習慣在經過我們店面時買些裝備，後來羅傑就負責處理這類零售工作。他的工作範圍還擴展到批發作業。我們的第一家零售店開在另一棟醜醜的錫皮屋裡，羅傑想出了個裝潢的點子，他從附近的牧場偷來一些老舊的木頭籬笆，然後把籬笆跟我們進口繩索用的箱用木條組合在一起，利用這些舊木板來裝飾零售店。羅傑成為我們的第一位經理，擔任這個職位四年後，他轉去管理我們的生產作業，經理工作則由他妹妹接手。

羅傑在很年輕時就展現出他的生意頭腦。1970 年代初，他搬了十箱全新的岩釘到店鋪後頭。那些岩釘包含了失箭、巴格布＊等系列，以及泛用型岩釘等，全都是用鉻鉬鋼製作的裝備。羅傑從一個箱子裡拿出一大把岩釘，把它們綁到繩子上，然後開始在水泥地上拖著岩釘來回走。我問他究竟在搞什麼鬼？

羅傑解釋說那批貨要出口給蘇格蘭愛丁堡的葛拉漢·提索，他是我們的英國經銷商。羅傑說他正在把岩釘表面磨粗糙，然後要把它們浸泡在一桶稀釋過的醋裡，幾天後再拿出來放在空氣中讓岩釘風乾生鏽。這樣岩釘就可以用廢鐵的名義出口到英國，不用被課徵關稅。當提索收到這些岩釘時，他會把岩釘磨光、上油，弄得跟新的一樣，然後就可以用克勤克儉的英國登山客能負擔得起的價格出售。

我最喜愛的一段合作往事，是發生在我們的工作還僅能餬口的時候。某些慣於欠錢的經銷商老是不付清帳款，有天，一家重要的經銷商傳來了新訂單，但是這家經銷商之前的帳款仍過期未付。羅傑收到訂單後，就走到店鋪後面，從打鐵鋪的地上收集了雜七雜八的廢鐵和鉛管，然後消失在貨運間裡。他把所有的廢鐵打包裝在一個大箱子中，然後用貨到收款的方式寄送給經銷商，金額剛好是該經銷商的前幾筆未清帳款。幾天之後，生氣的經銷商打電話來抱怨自己收到一堆廢鐵，羅傑很冷靜地告訴他說大家現在扯平了，他又恢復為付款記錄優良的經銷商，但以後我們只收貨到收款的訂單。

＊ 巴格布（Bugaboos），加拿大卑詩省的一座高峰。和「失箭」一樣是用登山聖地來為產品線命名。

1968 年我計畫了一趟公路旅行，從芬特拉一路行至南美洲的底端，我的衝浪足跡遍布美洲西岸，最南至利馬。我在智利的火山上滑雪，還攀爬了阿根廷巴塔哥尼亞的費茲羅伊峰，這六個月的旅行期間，生意都是由湯姆和朵琳幫我看顧。隔年，換湯姆出發前往喜馬拉雅山，他花了數個月攀爬尼泊爾境內的安納普那峰南面。湯姆不在的期間則由我和朵琳看店。

因為年末結算的利潤並不多，所以我們只能根據自己的工作時數來領薪水。我們沒有人把這門生意當成人生的最終目標，因為做生意只是要讓我們能支付賬單，這樣我們才有錢出發去爬山。

就在那段期間，我認識了梅琳達‧潘諾亞，她是加州大學弗雷斯諾分校的學生，週末時會在優勝美地的旅社工作，擔任住宿小屋的服務生。有天，我們一起到四號營地玩，有一輛車子向我們駛來，裡面坐滿了一群粗魯的女孩，駕駛還把啤酒罐丟出車外。梅琳達跑過去請她們把罐子撿起來，但那些女孩對她比中指，當下她迅速地徒手拆下車子的號碼牌，把它交給管理四號營地的護林員。1970 年我和梅琳達結婚時，她在高中當美術老師，但很快的她也加入修納戶外用品店的業務。5～10 月這段期間，屋主會收回我們租的海灘小屋，如果那段期間我們沒有去旅行的話，就會住在院子裡的舊貨車後面，這情況一直持續到梅琳達在零售店的地下室中，打造了可以居住的寓所。她還會把襁褓中的兒子弗萊契背在背上，兩人一起看店。

那些日子裡，我們每年的營業額都加倍成長，我們不能再靠雇用職務流動性高的岩友們趕上生產進度，因為他們只願意工作到薪水足以出發登山時就閃人了。所以我們就雇用了一些較可靠的韓國攀岩者，我服兵役時曾跟他們一起攀岩過，還雇用了一些墨西哥工人，以及一位正在躲避移民局的阿根廷技師胡利歐‧瓦瑞拉。

雖然專做登山客生意的修納戶外用品營業額很高，但是年末利潤卻只有約 1%。這是因為我們老是想到新設計，所以就會拆掉只用了一年的工具和印模，那些工具本來應該要分三、五年付清帳款的。不過，至少我們沒有太多競爭對手，因為沒有人會笨到想進入戶外用品市場。因此，修納

右頁上圖　湯姆‧弗斯特和我在打鐵廠。位於芬特拉。攝於 1970 年。© Tom Frost Collection
右頁下圖　為了攀爬大岩壁在分類裝備，這時還是「鐵器」時代。攝於 1964 年。
© Chouinard Collection

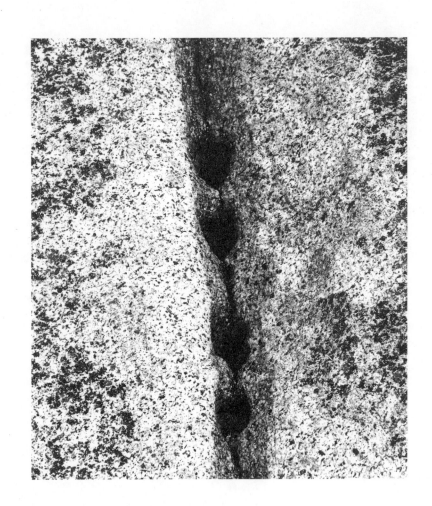

上 圖　優勝美地岩石受到岩釘傷害最極端的例子。當我知道自己製造的岩釘對環境造成了
　　　哪些損害，就感到自己必須有所改善。© Dean Fidelman

右頁圖　正在進入火爐支架裂縫（Stove Legs Cracks）。攝於船長岩諾斯路線。
　　　© Dennis Hennek

上 圖　在高楚人的傳統小屋露營。1972 年攝於阿根廷巴塔哥尼亞的風之階（Paso del Viento）。© Doug Tompkins
右頁圖　「原始人」和一串串「石塞與六角轉力向型」乾淨攀岩用岩楔。攝於 1973 年。
© Tom Frost

戶外用品店成為美國最大的登山裝備供應商。

　　然而，我們也成為了破壞環境的推手。雖然攀岩風潮的成長速度很穩定，但大家卻都集中在那些已有多人攀爬過的相同路線上，例如伯德附近的黃金峽谷、紐約州的熊崗，以及優勝美地等。在同一個脆弱的裂隙中不斷地安置與拔出岩釘，就必須把堅硬的鋼製岩釘重複敲進岩壁中，這麼做會嚴重摧殘岩壁。某次我去攀爬船長岩諾斯路線時，發現明明在幾個夏天前那裡都還是一片淨土，現在的環境卻嚴重惡化，導致我帶著反胃的感覺回家。弗斯特和我決定要放棄岩釘事業，那是我們做生意多年來第一次採取的大型環保行動。岩釘是修納戶外用品店的生意支柱，然而岩釘也在摧毀我們深愛的那些岩壁。

　　幸好除了鐵岩釘之外，我們還有其他選擇：鋁製岩楔。鋁製岩楔可以用手插入岩壁，無須用鎚子敲進裂隙後再拔出。英國攀岩者向來都使用這種岩楔攀登峭壁，但是因為鋁製岩楔較粗糙，所以歐洲其他國家和美國的攀岩者比較不熟悉、也比較不信任這種岩楔。後來，我們設計出修納戶外用品店版本的岩楔，稱為「石塞與六角轉力向型」（Stopper and Hexentric）岩楔。1972 年我們在第一本型錄刊登出這種岩楔前，我們都只有販賣少量的鋁製岩楔。

　　我們在第一本型錄中，為岩釘帶來的環境威脅撰寫一段文字。我們還請山巒俱樂部攀岩家道格・羅賓森寫了一篇有關乾淨攀岩（clean climbing）的 14 頁文章，他在說明岩楔的使用方法時，用了一段強而有力的話開場：「只使用石塞和繩環來確保攀岩安全，這就是乾淨攀岩。只有一個詞可以形容岩楔，那就是乾淨。之所以稱之為『乾淨』，是因為岩楔不會改變岩壁結構。稱之為『乾淨』，是因為使用岩楔就不需要把任何東西敲進、或拔出岩石，這種做法不會在岩石上留下疤痕，可以讓下個攀岩者體驗更天然的岩石。稱之為『乾淨』，是因為攀岩者的安全裝置只會在岩石上留下些微痕跡。所謂『乾淨』，就是用不會改變岩壁狀態的方式攀岩，這也能讓我們更接近有機攀岩。」

　　老一輩的攀岩者很反對我們的訴求，因為他們已經習慣用十公斤重的鎚子把岩釘敲入岩壁。年輕的攀岩者也抗議說前輩已經用岩釘攀完了所有

的大岩壁，才要求年輕人只能用這些機器製作的小「核果」（Nuts，一種岩楔的類型，這個字取自於英文的「核果」）來攀岩。為了向他們證明乾淨攀岩是可行的，我和一位年輕的攀岩家布魯斯‧卡森回到船長岩的諾斯路線，全程不使用鎚子和岩釘，只安置岩楔，以及少數原先就固定在岩壁上的錨樁和岩釘。

　　寄出型錄的幾個月內，岩釘的生意完全萎縮，岩楔的銷售速度則遠遠超過我們的最快製作速度。修納戶外用品的錫皮工廠中，本來充斥著鎚子敲打的韻律，現在則變成了多個電鑽鑽磨時發出的尖銳刺耳聲響。

　　接著，我首次想到了一些有關製作服飾的點子。1960 年代晚期，我在攀爬完英國的峰區後，經過了蘭凱郡一家歷史悠久的工廠，這家工廠還保有世上最後一台可以製造耐用、厚實的燈芯絨布料的機器。該工廠的歷史可以追溯回工業革命時代，當時發電還要靠水力，而且丹寧布還未出現，所以工人的褲子都是用燈芯絨製作，因為燈芯絨的直條紋路可以保護布料不受磨損和割畫。我覺得這種耐用的布料很適合攀岩，所以我訂了一批布料，做了幾條燈籠褲和臀部雙層加厚短褲。這些服飾在攀岩朋友圈內賣得很好，所以我又多下了一些訂單。

　　每當我們需要更多燈芯絨布時，七位老人家就必需暫時中斷他們的退休生活，啟動工廠裡的機器。他們警告我們說，等到劃出燈芯絨布條紋的數百片刀鋒磨鈍時，就要重新磨利刀鋒，費用將會十分高昂，所以到了那個時候，這些機器的生命大概也到了終點。結果刀鋒是在我們以少量但穩定的數量銷售那些燈籠褲和短褲長達 10 年後，才終於磨鈍，織布機也因此得以退休。

　　之後我想到的點子則真正讓我們的服裝事業得以起步。1960 年代晚期的人並不會穿明亮鮮豔的服裝，那個時候的「運動服飾」是由基本的灰色汗衫和褲子組成。優勝美地的攀岩標準打扮，則是二手店販賣的棕色斜紋棉布和白色襯衫。1970 年冬天，我前往蘇格蘭登山時，買了一件正式的英式橄欖球隊服，我覺得那可能很適合當成攀岩用的上衣。橄欖球衣的設計必須要可以承受橄欖球運動的激烈動作，而球衣上衣的領子可以防止堅硬的吊環劃傷我的脖子。球衣的基本顏色是藍色，胸部的正中間則有兩

道紅色條紋和一道黃色條紋。回到美國後，我穿著那件橄欖球衣到處攀岩，所有的朋友都問我要去哪裡才買得到那件衣服。

於是我們向英國的恩寶公司訂購了一些橄欖球上衣，他們也立刻賣給我們。但是那些衣服很快就賣完了，所以我們也開始向紐西蘭和阿根廷的服裝公司訂購上衣。我很快就發現，販賣服飾可以支撐我們收入微薄的硬體器材生意。當時我們大約占有 75％ 的攀岩硬體裝備市場，但是利潤依然不高。

1972 年我們接手隔壁的廢棄肉品包裝工廠，著手把那邊的舊辦公室翻修成零售門市。我們增加了一些產品，包括：蘇格蘭製的聚氨酯包覆防水登山雨衣和露營睡袋、澳洲製的熟羊毛手套和連指手套，以及伯德製的手織雙面「雙面人」帽子。此外，弗斯特也想出了一些新的背包設計，所以不久後我們就在舊屠宰場樓上的閣樓裡，開始全套的紡織作業。

某天我在閣樓工作時，想要幫自己做一條收緊褲管口的短褲，短褲後面加厚的臀墊則做成兩個大口袋。我自己打樣、裁布料。公司工頭鄭憲宇的太太元喜根據我的打樣用十號帆布縫製出短褲，十號帆布本來是用來製作戶外家具的布料，元喜必須使用壓布腳機才能把線穿過布料，壓布腳機則是我們用來縫製背包上皮革配飾的機器。她縫好短褲之後，站在放著褲子的桌子旁，看著這件可以自行「站立」的褲子笑了起來。短褲在經過多次穿著、洗了十幾次、二十次之後就變軟了，穿起來十分舒適。這種褲子很快就成為我們公司賣得第二好的服飾，而且我們現在依然有在製作「起立短褲」（Stand Up Shorts），不過是用較軟的布料代替十號帆布。

當我開始想到更多有關服裝的點子後，弗斯特和另一位岩友彼特・卡門（Pete Carman）也想出了許多新的背包設計，其中包含第一個供滑雪和登山用的可過夜束式內架背包「世界盡頭」，以及數款載重攀岩用背包（其中一種是用某種堅固的布料製作，但因為味道聞起來太怪，所以我們都叫它「魚背包」）。我們的背包很快就得到《背包客》雜誌的惡評，該雜誌認為我們的背包過於前衛，跟當時的主流背包廠牌 Kelty 的風格相去太遠。雜誌的評論結尾寫道：「你能期待鐵匠的裁縫做得多好？」或許我們不太了解裁縫，不過作為好的鐵匠，我們卻很清楚如何讓產品的功能更好、更堅固耐

6 月 20 日，首次攀登上尉岩穆爾岩壁的第 7 天

吊床下方的景色令人嘆為觀止 —— 我們與地面之間相隔 2,500 英尺。這是另一種生活方式，我們開始了解自己所處的世界，現在感覺就像是在家一般。在吊床上露宿是完全融入自然的體驗，這種垂直的生活對我們來說毫無違和感。隨著感官的知覺更為敏銳，我們也開始欣賞起周圍的一切事物。花崗岩中的每顆結晶都清楚顯現在外、形狀多變的雲朵總是能吸引我們的注意力，我們也第一次發現岩石上有著許許多多的小蟲子，小到幾乎不會讓人注意到。在確認攀岩繩的鬆緊狀態時，我整整 15 分鐘都盯著一隻小蟲看，觀察著牠的一舉一動，讚嘆牠鮮紅的亮眼色彩。

有如此多的美好事物就在眼前，可以親身感受，怎麼可能會有人感到無趣！和諧氛圍與令人愉悅的環境，帶來深深穿透人心的感受，讓我們體會到多年來未曾有過的滿足。也讓 TM 想起了過去全家人齊聚在他家門廊，坐著觀看太陽西沉的情景。

—— 本文刊登於 1966 年的美國登山雜誌（American Alpine Journal）

用，而且設計更簡單。我們的背包一直都賣得不怎麼出色，顧客都比較偏好我們簡單的「手工縫製」服飾。

當我們製作的服飾越來越多（包括：羊毛製的夏慕尼套頭衫、經典地中海風格水手衣、帆布褲子及上衣和用上了 Gore-Tex 的前身〔泡棉〕襯裡的高科技雨衣系列產品），我們開始需要為服飾線取一個名稱。第一個提議還是「修納」，畢竟修納戶外用品店已經擁有良好的品牌形象，我們又何必從頭打拚？不過我們還是有兩個反對理由，第一，我們不希望因為多了服裝生產線，而淡化了修納戶外用品作為登山裝備公司的形象；第二，我們希望能擁有更廣泛的未來市場，不想只製作與登山運動有關的服飾產品。

經過討論之後，我們很快就想到了「巴塔哥尼亞」這個名字。對大部分的人來說，特別是當時的人，巴塔哥尼亞這個名字就像廷巴克圖或香格里拉，遙遠、迷人，似乎不存在於地圖上。如同我們在型錄簡介中寫的，巴塔哥尼亞帶給人的感覺是「充滿了浪漫的景象 —— 冰河緩緩流入峽灣、山峰巉峭，還住著高楚人和兀鷹。」我們希望我們的服飾可以適應氣候惡劣的南美洲安地斯山脈或合恩角，所以我們覺得巴塔哥尼亞很棒，而且這個名字用各種語言都可以發音。

左頁圖　加州優勝美地國家公園穆爾岩壁（Muir wall）。© Yvon Chouinard
上　圖　巴塔哥尼亞費茲羅伊峰。© Eliseo Miciu

059

　　為了要強化服飾和巴塔哥尼亞的關係，我們在 1973 年根據費茲羅伊峰的天際線，設計了一個畫有多雲天空、峻峭山峰和湛藍海洋的商標。

　　巴塔哥尼亞的首批產品差點害我們破產。當時橄欖球衣在市場上非常熱銷，已在登山用品專賣店中成為一股快速成長的地下流行潮。承銷巴塔哥尼亞服飾的店鋪繼承了修納戶外用品店的傳統：店鋪的老闆都是登山客和背包客，他們不懂商業，但是需要可以養活自己的工作。一開始，他們觀察到大學生流行穿 Vibram 鞋底的登山靴去上課，還喜歡穿羽絨外套在城裡逛，這項發現讓店裡的銷售意外上升。現在，橄欖球衫為我們帶進了新的客戶，但我們卻因為無法滿足持續增長的需求，使得不少顧客掉頭離開。1974 年，我們採取了一項重大措施 —— 與香港的服裝工廠直接簽約，該工廠每個月將為我們生產 3,000 件八種顏色組合的上衣。

　　結果這個合約演變成一場慘劇。貨運遲到了，而且因為該工廠習慣生產流行服飾，所以運動服飾成品的品質很糟。縫製衣服的線太纖細，導致上衣嚴重縮水，有些上衣在進貨時甚至變成七分袖。我們以低於成本的價格想辦法將存貨拋售掉，公司差點倒閉，而且我們的成長速度太快，獲利率不高，因此公司也發生嚴重的現金流問題。

　　我們知道要如何控管硬體商品的存貨，只要看看成品桶和公司的地上堆放著多少鋼條和鋁棒，或是看看有多少產品正在加工中，就能知道公司還有多少存貨。某些我們沒有自行生產的硬體產品，則從可靠的上游廠商進口，弗斯特和我會親自檢查每個鉤環和岩楔是否有缺陷。但是服裝的生產流程完全不一樣，布料必須要提前數個月向世界各地的供應商和工廠下訂單，我們雖然會事先檢查衣服是否有基本的缺陷，但是卻無法知道後續會不會有褪色或縮水的問題。在經過慘痛的教訓後，我們才知道經營打鐵鋪和經營服飾業有很大的差異。

　　有瑕疵的橄欖球衫逐漸消耗公司的收入，梅琳達和我必須忍受無數磨人的飯局，試圖說服銀行我們公司並不缺錢，因為「不缺錢」是銀行願意借錢給我們的最低條件。某家地區農會因為我們的存貨散布世界各地，而不願意貸款給我們，因為他們希望公司的所有存貨要放在同一地方（就像農場裡儲存穀物的倉庫一樣！）。有次我們的會計師甚至還介紹我們認識洛杉

磯的黑手黨，他們要求的利率是 28%。梅琳達和我從來沒有用賒帳的方式買東西，弗斯特夫妻也沒有，我們公司向來都準時付清帳款，對我們來說，延後付款給供應商很痛苦。我、梅琳達和弗斯特夫妻度過了許多胃痛、輾轉難眠的夜晚，合夥關係緊繃到最高點，我們最終在 1975 年的最後一天分道揚鑣。弗斯特夫妻搬去科羅拉多州的伯德，在那裡開了一家攝影器材公司，我和梅琳達則留下來成為唯二的老闆，經營仍在努力掙扎中的登山用品店與服飾公司。

弗斯特夫婦離開之後安排了接任的經理，但我們還是自己選了人代替弗斯特夫婦的人選，1979 年克莉絲‧麥迪維特接下經理一職。克莉絲來的時候正值我們最艱苦的時期之一，不過她學得很快，我們終於有一位可以理解老闆多變創意的總經理。克莉絲不只讓公司保持在較佳的財務狀態，還能振奮業務人員的士氣、從供應商那裡「騙到」獨惠的合約、安撫心煩意亂的員工，並用自己友善、戲劇化且敏銳的天賦，推動公司成為有向心力的團體。同時，她嚴密地監督設計與美術部門，建立並鞏固了巴塔哥尼亞的企業形象。我們的合作關係良好，不管我想出多麼瘋狂的點子，對她來說都不會太瘋狂（除非付諸實行後證明了我的點子完全不切實際）。她非常善於社交，可以跟每個人溝通，並向人說明為何需要更認真看待我的激進點子，或者，她至少能讓我在忘記那些點子前保持開心。

克莉絲在幾年前的訪談中，回想了當時公司的狀況，也顯示我們把權力託付給她是正確的決定：

「1972年，全公司只有我們5個人。1977年時，公司裡有16個人，我的哥哥是總經理。到了1979年，我哥辭職後，伊方因為只想攀岩、衝浪，不想負責管理公司，所以就把公司交給我，他當時真的就這樣說：『這是巴塔哥尼亞，這是修納戶外用品，妳愛把公司怎樣就怎樣，我要去攀岩了。』

我毫無管理經驗，所以我開始尋求免費的諮詢。我打電話給一些銀行總裁，說：『我被指派負責管理這些公司，但是我根本不知道自己在做什麼？我得找個人幫我。』

銀行總裁真的幫了我。我發現如果你直接向別人求助，而且坦承自己不懂某件事，對方就會傾盡全力來試圖幫助你。從那時起，我開始經營公司，

但我真正的工作是將伊方的企業願景和目標翻譯成地球話。」

　　我一直避免把自己看作商人。我是攀岩家、衝浪客、泛舟者、滑雪者，以及鐵匠。我們只是單純地享受著製作自己和朋友都想要的好用工具和功能佳的服飾，梅琳達和我擁有的唯一私人資產是一台壞掉的福特小卡車，還有一間因為貸款太多而面臨徵收的海灘小屋。現在，我們擁有了一家能勉強保持收支平衡的公司，裡面的員工都有家庭，他們的生活全都依靠公司的成功。

　　當我們思考了自己的責任和負債之後，有天我驚覺自己已經是一位商人了，而且這項事實在未來很長一段時間內可能都不會改變。此外，還有一件顯而易見的事情，那就是假如我們想在競爭中生存，就必須認真以對。我知道我不能用一般的商業法則行事，因為那樣我絕對不會過得開心，我想盡量遠離航空雜誌廣告中，那種身穿西裝、一副慘白死人臉的商人形象。如果我必須要當商人，那我就要用自己的方法行事。

　　我最喜歡的企業領導格言之一是：如果你想了解企業家，就去研究青少年罪犯。青少年罪犯會用行動表示：「這爛透了。我要用自己的方式來

業務成長中！員工合照。攝於 1973 年 12 月 19 日。© Tom Frost

搞。」我從未想當商人,所以我需要一些從商的好理由,其中一種理由是:即使我們得用更認真、嚴肅的態度面對工作,我也不想改變自己,因為工作必須要能讓人每天都開心。我們每天來上班時都必須是自願的,還要能開心地一次跳兩層階梯上樓。我們希望周遭的朋友都可以穿自己想穿的衣服,要光腳也行。我們還需要彈性上班時間,這樣才能在好浪頭出現時去衝浪,或是在大雪之後去滑雪,或是小孩生病時留在家裡照顧孩子。我們需要模糊工作、玩樂和家庭之間的界線。

　　打破傳統規則,讓自己的系統成為可行的做法,是管理時最需創意的部分,也是讓我特別有成就感的部分。但是,我不會在沒做功課之前,就奮不顧身的跳下去執行。

　　拿我在 1978 年寫的一本有關冰攀技巧的書來說,那本書花了我 12 年的時間才完成,因為我必須到所有攀岩運動大國旅行、攀爬,以及研究雪攀和冰攀,試著為我的書《攀冰》找出可廣泛使用的技巧。我在該書的序言中寫道:

　　在1970年代之前,全世界流行雪攀和冰攀運動的國家,使用的攀爬技巧

克莉絲・麥迪維特。攝於 1974 年。© Gary Regester

可分為兩種，一種是以釘鞋鞋底攀爬冰壁（或稱法式技巧），另一種是用釘鞋鞋尖攀爬冰壁。這兩派攀爬技巧都一樣有效，但是兩邊都不願意承認另一方的價值。冰攀時從頭到尾只使用其中一種技巧是可行的，現在很多人仍然這麼做，但是這並不是最有效率的方式，也無法讓人享受到攀冰的趣味。那就像是你只會跳一種舞步，當音樂改變時，雖然你依然在跳舞，但舞步卻無法合在拍子上。所以，正如同兩難局面中通常會採用的解方，真相就在兩者中間。當今所有最佳的冰攀者都深知這兩種技巧，攀爬時也都會並用兩種技巧。

　　我在學習商業知識時，也做了非常多的功課。接下來的幾年中，我看完了每一本跟商業有關的書，尋找可以適用於自己公司的理念。我對日本和北歐的管理書籍特別感興趣，因為我知道美國人做生意的方式只是眾多方法中的一種而已。

　　我沒有找到任何一家可以作為我們公司典範的美國企業。美國企業要不是太大、太保守，要不就是價值觀不同，所以我們無法套用他們的理念。不過我的朋友道格·湯普金斯和他的太太蘇西（道格的第一任妻子）創辦的公司 —— Esprit 與其他美國企業相反，他們和我們有一樣的價值觀。道格是我的攀岩、衝浪朋友，他在 1960 年代早期於舊金山成立了 The North Face 店鋪。在 1964 ～ 1965 年之間，我們開始合作，他負責批發、銷售我們公司的硬體器材。道格賣掉 The North Face 後，在 1968 年帶我去位在智利與阿根廷的遙遠國度巴塔哥尼亞，在我們旅行期間，蘇西和她的朋友成立了「平凡女子」，這是 Esprit 的前身。道格跟我一樣，發自內心地厭惡權威，而且向來喜歡打破規矩。當時，Esprit 的企業規模比我們大得多，而且也已經歷、解決了許多企業擴張時期會發生的問題，所以他們對我們的早年發展幫助很大。

　　湯普金斯和羅賓斯、雷格·列克（Reg Lake）等人介紹我激流獨木舟這項運動。我們自稱「敢做男孩」（Do Boys），這個奇怪的翻譯是在模仿日文將「激烈運動」說成「敢做運動」。我第一次跟他們一起去內華達州希拉斯南邊玩激流獨木舟時，一如往常地充當一隻「沙包」。第一天泛舟的

右頁圖　在巴塔哥尼亞公司擔任總經理兼執行長達 13 年的克莉絲·麥迪維特。位於芬特拉的衝浪岬。攝於 1985 年。© Courtesy of Patagonia

克莉絲‧麥迪維特‧湯普金斯

撰文／伊方‧修納

　　羅傑的妹妹克莉絲還在念高中時,她叛逆的個性把老師逼到怒髮衝冠。克莉絲在海灘上長大,她常常光腳去上學,學校告訴她除非她把鞋穿上,否則就不准她再進入學校。她一直試圖遊走在規則邊緣,比如某天克莉絲還試著在腳上纏繞皮製鞋帶,說那是涼鞋。畢業時,克莉絲的輔導老師跟她父母說:「我知道你們計畫讓克莉絲上大學。可是別費心了。」在大學裡,克莉絲是坡道滑雪選手,她根本不確定自己畢業時拿到了什麼學位。多年後她回學校對學生演講時,獲頒榮譽學士學位。

　　克莉絲擔任公司的總經理及執行長 13 年。她在 1994 年從公司退休,嫁給我的朋友。他們移居南美洲,在智利與阿根廷負責建立將近 200 萬英畝的野生動物園區,這個數目遠遠超過歷史上所有慈善家和政治家的成就。

敢做男孩

　　敢做男孩中的其他「成員」包含熱愛冒險的「資本家」瑞克‧理吉威（Rick Ridgeway），他現在是巴塔哥尼亞的行銷與環境副總裁，另外還有 NBC 主播湯姆‧布羅可（Tom Brokaw）。湯姆在一次《生活》雜誌的專訪中，敘述了自己攀冰時學到的第一課：

問：你最辛苦的冰攀經驗是哪一次？

答：或許是跟我朋友（包含巴塔哥尼亞創辦人伊方‧修納）一起攀爬雷尼爾山的柯茲冰河那次。在那之前，我從未從事過真正的冰攀，他們只花了 30 秒時間教我如何使用釘鞋和冰斧。我們當時要穿越一片非常陡峭的透明薄冰，假如腳滑的話，可能會一路下滑 300 公尺。我對伊方說：「我們應該用繩索攀爬上去。」他說：「想都別想，要是你滑下去了，我也會滑下去，所以我不那樣做。這就像在紐約攔計程車一樣：大家都只為自己。」能成為（伊方的）朋友對我助益良多……他讓我從新的角度思考事情。

—— 2004 年 11 月 26 日刊載於《生活》雜誌

左頁圖　湯姆‧布羅可在華盛頓州的雷尼爾山上。© Rick Ridgeway

時候，我們划過史丹尼勞斯河的第三級河段，第二天則是默塞德河下游的第四級河段，第三天是杜隆河的第五級河段。泛舟之旅就這樣進行了 12 天。旅程結束後，我的臉上縫了 15 針，背也痛得半死，害我必須搭便車回家。當年，我通常都是用這種方式學習危險運動，因為那時候還沒有嚮導、戶外學校，以及指導手冊。

幾年以後我的激流獨木舟技術大有突破。我學會了徒手翻滾，在翻船的時候只需要用自己的手，不需要槳就能把獨木舟翻正。我披著一頭狂野的頭髮在懷俄明州傑克遜鎮的格雷文特河（Gros Ventre）奔馳，這是一條平均落差為四級、坡度很陡的河川，每一英里高度就下降 100 英尺，如果你的獨木舟進水了，只能等到抵達下游時才有時間把水舀出去。

現代的槳是一個非常有效的划舟工具，如果不使用槳的話，我就得用手划水，必須在獨木舟裡坐得低些，下坡的時候身體要往前傾。我必須考慮到更前面、更遠的河水狀況，透過傾斜船隻來改變獨木舟的方向。我從未用徒手划水以外的方式玩激流獨木舟，因為比起使用槳，用手玩激流獨木舟能讓我在河中穿梭時更像條簡潔流暢的魚。

我一直都覺得自己是個做事只做 80％ 的人。我喜歡熱情投入某項運動或活動，直到我精通到大約八成為止，更上一層樓需要的執著和專精的態度，對我來說缺乏吸引力。一旦我掌握了 80％ 的內容，我就會離開，去做完全不同的事情。或許這種習慣可以解釋巴塔哥尼亞為何擁有多樣化的產品線，以及為何我們最成功的產品是多用途、多功能的服裝。

當我們撐過第一次嚴重的現金流危機後（當時我們終於確定能拿到某家銀行的周轉信貸），多功能的專業服飾就成為巴塔哥尼亞的新重點。我們的第一件專業產品是泡棉襯裡夾克，這件產品是聚氨酯雨衣的改良版，因為聚氨酯雨衣的內部會嚴重凝結水氣。我們在夾克的尼龍外布裡襯上一層薄薄的泡棉，以提高保暖程度，也可以減少水氣凝結。這項設計也推動我們開始處理更困難的問題，那就是該穿什麼樣的衣服攀登高山？因為山上無法預測的天氣常常會是登山者的致命殺手。

左頁圖 正在示範法式的垂直攀爬技巧。在我為自己著作《攀冰》做研究的數年裡，我也教授冰攀和雪攀的課程，因為我亟需收入，而且我也覺得學會精確傳達某種技術的最佳方法，就是去教授那種技術。每教一次課，我就可以用更精簡的文字來描述該技巧。© Ray Conklin

　　那時候所有的登山客都依賴會吸水的傳統棉料、羊毛、羽絨等布層，我們則是從其他地方尋找靈感，提供登山客新的保障。北大西洋的漁夫出海時都穿一種人造絨布毛衣，我們覺得那種布料可以用來製作理想中的登山毛衣，因為它有良好的隔熱效果，而且不會吸水。

　　因此，我們需要一些人造絨布料來測試這想法，但是這種布料並不好找。1976 年梅琳達靈光一現，開車前往洛杉磯的加州商品展。她在摩敦紡織公司找到了我們想要的布料，這家公司因為人造毛皮市場崩盤而破產，才剛剛從中重新振作起來，所以正在出清布料存貨。我們用那些布縫了幾件毛衣，在高山進行野外測試。這種聚酯纖維的暖度驚人，搭配外層衣物的話效果更佳。聚酯纖維即使溼透仍然可以隔熱，而且在幾分鐘內就會乾，還可以減少登山客需要穿著的衣服數量。我們的第一批絨布服裝是以製作馬桶坐墊布套的布料縫製，布料還因為上了膠而變得硬邦邦的。

　　但是，我們無法湊到足夠數量的貨單，所以無法特別訂做布料，因此必須使用摩敦紡織公司的現有存貨，他們只有一樣可怕、難看的棕褐色和灰藍色。當我們在芝加哥的商品展中展出灰藍色的夾克時，某位買家指著一件夾克，詢問業務員泰柯斯・波塞夾克是用什麼毛皮製作的。泰柯斯不動聲色地說：「這是稀有的西伯利亞藍毛獅子狗，女士。」雖然夾克的顏色很難看，而且一旦穿過之後就會瘋狂起毛球，可是這種絨布夾克很快就成為戶外運動市場上的大宗服裝。

　　但是在能快乾的隔熱夾克裡，穿著會吸收人體水氣、讓人凍壞的棉製內衣，並沒有辦法保暖。所以在 1980 年，我們想出了用聚丙烯來製作隔熱長內衣，聚丙烯是一種人造纖維，比重很輕，而且不會吸水，是工業用品的原料，例如可浮在水面上的船用繩。首先將聚丙烯用在服飾上的產品，是不織布襯裡的拋棄式尿布，因為聚丙烯的毛細作用可以讓寶寶保持乾燥，帶走皮膚上的濕氣，把濕氣轉移到尿布外層較吸水的材質裡。

　　另一家挪威公司也開發出用聚丙烯製作的伸縮薄內衣，這種內衣可以帶走皮膚上的汗水，但是有一項極大的限制：因為它實在是太薄又太透氣，

右頁上圖　**左邊的是道格・湯普金斯，旁邊是羅伊爾・羅賓斯。** © Courtesy of Patagonia
右頁下圖　**在黃石河的克拉克支流進行三天的首次下行後，「敢做男孩」部分成員拍下的合照。道格・湯普金斯、羅伯・萊瑟、約翰・華森、我以及雷格・列克。** © Doug Tompkins

所以隔熱作用也很低。我們的布料比他們的厚四倍，加上內裡刷毛，所以更有彈性、更柔軟。

我們利用這件新內衣的特性作為基礎，透過型錄成為第一家教育戶外運動人士分層式穿搭的公司。分層式穿著是指在內層穿著可吸走水分的衣物，中間穿可隔熱的絨布，外層則要穿上能抵擋寒風和水氣的外套。

我們的教育有了回報。不久之後，我們比較少在山中看到棉製衣物和羊毛衣物，很多人都開始在條紋聚丙烯的內衣外，穿著會起毛球的灰藍色或褐色絨布毛衣。

不過聚丙烯跟絨布一樣有缺點，聚丙烯的熔點很低，所以顧客如果把衣服放進自助洗衣店的商業用烘衣機中，衣服就會熔化，因為商業用烘衣機的溫度比家用的烘衣機高出許多。而且聚丙烯跟水完全合不來，因此很難徹底洗乾淨，會有臭味。此外，我們後來發現聚丙烯本身並不具有的毛細作用，毛細作用是來自編織過程中所使用的油，所以衣服在洗了 20 次左右後，上面的油就會消失。

雖然絨布和聚丙烯都立刻在市場上取得成功，我們也沒有遇到顯著的競爭者，但是我們很快就開始努力改良這些產品的品質，想解決這兩種布料的問題。

我們循序漸進地改善絨布品質，首先是與摩敦公司密切合作，開發出一種柔軟的旗布，這種仿羊毛布料的毛球較少。最後我們終於開發出更柔軟的雙面辛奇拉布料，這種布料完全不起毛球。辛奇拉布料讓我們學到商業中重要的一課：雖然摩敦紡織公司能輕鬆獲得金融資本，讓許多創新都成為可行的方案，但要是我們沒有積極規畫研發過程，就根本不可能開發出這些布料。後來，我們開始在公司中的研究設計部門中投入大筆資金，而且我們的布料實驗室和布料開發部門甚至成為業界稱羨的對象。紡織公司都渴望能跟我們合作，因為他們知道假如獲得巴塔哥尼亞的協助，就有機會開發出上好的布料。

取代聚丙烯布料的方案，並非在我們與摩敦紡織公司合作開發計畫的時候浮現的，而是在開發出辛奇拉布料的同一年中，突然從天而降。有時候好點子會突然浮現，這是因為你了解自己的目標，並對新產品抱有想

像。1984 年，當我在逛芝加哥的運動用品展時，看到有公司在示範清理聚酯纖維製橄欖球球衣上的草漬。聚丙烯和聚酯類的人造纖維，都是以塑膠樹脂製作，再利用壓模擠壓出塑膠樹脂，製成輕薄的圓形纖維。這些塑膠纖維很平滑，製成的服裝非常難清洗，因為這些光滑的纖維會抗拒一般清潔過程中使用的肥皂和水分。

我看到的那家公司，是生產橄欖球球衣衣料的美利肯公司，他們開發出一種製程，可以永久蝕刻纖維表面，讓織布表面親水（也就是讓布料與水相親相愛）。只要在玻璃上滴上一些水，你就可以簡單了解這兩種聚酯纖維有何不同。把水滴在光滑玻璃表面時，水會保持水滴狀，但你若在蝕刻處理過的玻璃上倒水，水則會散開。

別管橄欖球球衣了，我心中想道，這可是製作內衣的完美纖維呀！聚酯纖維的熔點比聚丙烯高上許多，所以放進烘衣機裡也很安全，而且蝕刻製程可以讓纖維有絕佳的毛細功能，同時又不會吸收或保留內部的水分，所以也可以快速乾燥。

我們公司內較保守的員工，希望我們能逐步、漸進地採用新材料，尤

我最愛的仿羊毛布料使用示意圖。© Gary Bigham

其在我們推出聚酯纖維的時候，公司也將同時推出辛奇拉布料。聚丙烯和刷毛布料占了七成的銷量。但是我們無法等到確定所有答案之後才開始行動，逐步推出產品會失去率先推出新概念的優勢，風險通常比較大。

我相信我們的產品是好的，我也了解市場，所以我們加快速度，將整套聚丙烯內衣的生產線轉去生產全新的凱普林布料。我們死忠的核心顧客立刻了解到凱普林和辛奇拉布料的優點，產品銷售暴增。其他公司只能推出模仿我們的刷毛布和聚丙烯布料，跌跌撞撞地試圖追趕我們。

競爭一直都在身邊，但是我們一直持續創新和改良產品。1980 年代早期，我們又推動另一項重大變革。當時所有的戶外活動產品都是棕色、森林綠，最鮮豔的顏色只有到赭色，但是我們將巴塔哥尼亞的產品都染上了鮮豔的色彩。我們推出了靛藍色、藍綠色、法國紅、芒果黃、淺藍色和淺咖啡色，衣服從乏味的樣貌轉變為挑戰傳統的新造型，但依然堅固耐用。這想法也奏效了，業界中的其他公司花了將近 10 年才趕上我們。

鮮豔的色彩大受顧客歡迎，辛奇拉等專業布料的吸引力也日漸增加，公司收入因此大幅上升。巴塔哥尼亞的服裝變得跟橄欖球衫一樣風行，顧客層更從戶外運動人士遙遙延伸到流行服飾消費者。雖然我們將大部分的

　巴塔哥尼亞是一項家族事業。© Chouinard Collection

推銷重點和型錄空間都用在對核心顧客說明分層式穿法的技術性優點，但是我們賣最好的產品卻是最不專業的服飾：寬鬆的海灘短褲和有外層布料的辛奇拉短夾克。

1980 年代中期到 1990 年間，公司的營業額從 2,000 萬美元竄升到 1 億美元。梅琳達和我並沒有變得比較富有，因為我們把收益都留在公司。從許多方面來看，成長充滿了刺激，所以我們從未覺得無聊。新進員工（包含零售門市或倉庫中那些薪資較低的員工）可以快速晉升到薪資較高的職位，我們也會特別去搜尋某些職位的人才，從服裝和戶外活動產業的眾多人員中挑出理想的人選。不過大部分的新聘員工都是來自扎根良好且生長快速的情報網。當有新的職缺時，員工會告訴他們的朋友、朋友的朋友，還有親戚等。

雖然巴塔哥尼亞的營運有成長，但在許多方面上，我們還是保有原來的企業文化和價值觀。我們一定是自願來上班的，員工還是可以穿自己想穿的衣服，大家會在午餐時去跑步或衝浪，或是在大樓後面的沙坑打排球。公司贊助滑雪和攀岩旅行，三五好友也會自行規畫平日的出遊活動，他們會在週五晚上開車到希拉斯，然後玩到全身無力，但又非常開心地回到家中，剛好可以準時在週一上班。

隨著公司規模擴張，我勢必需要做出某些改變。我們在 1984 年將母公司的名稱由「太平洋鐵工廠」（Great Pacific Iron Works）更名為「失箭企業」（Lost Arrow Corporation），旗下有兩個子公司：巴塔哥尼亞公司負責設計、製作和經銷服飾產品，修納戶外用品則負責製作硬體產品。我們又建立了新的太平洋鐵工廠來經營零售門市，巴塔哥尼亞郵購公司則獨立於零售部門之外獨立作業。那年，我們也建造了新的失箭行政大樓，裡面沒有個人辦公室，主管也不例外。這種空間安排有時會讓人分心，但是可以保持溝通流暢，管理階層會一起在大型開放空間中工作，員工很快就幫行政大樓取了「牧場」的綽號。公司內部設有自助餐廳供應健康餐點，一整天都開放給員工聚會。另外，在梅琳達的堅持下，公司也在內部成立了托兒中心「太平洋兒童發展中心」，當時全美國僅有 150 間托兒中心，我們公司就是其中之一。現在，美國已有超過 8,000 家托兒中心。小朋友在院子裡玩

芬特拉店鋪的員工在 1966 年的合照。由左至右依序為湯姆、朵琳、東尼、丹尼斯、泰
利、伊方、梅爾和大維。© Tom Frost

2009 年攝於衝浪店鋪。© Tim Davis

梅琳達的托兒觀點

撰文／伊方・修納

其實我們公司的托育政策一開始並沒有經過精心設計。家政是我的弱項，我也是少數完全沒有受過任何學齡前教育課程的大學畢業生。我們日間托兒中心的真正起源，來自弗斯特夫婦帶小孩來上班的經驗，後來我們也跟他們一樣把孩子帶來上班。當我們雇用新員工後，他們也依循這種做法。那些嬰兒床就懸吊在電腦螢幕上，足以嚇壞那些懂電腦的人，直到某位天生愛尖叫的嬰兒來到公司後，我們才了解寶寶可以為工作場合帶來多大的混亂。那位嬰兒的媽媽抱著疝氣的寶寶坐在外頭的車子裡，讓我們充滿罪惡感。

我們為了該不該為嬰兒投入資金或空間，爭執不下兩年多，因為公司的資金和空間都處於短缺狀態。我們也不懂得要如何成立日間托兒中心，但有幾位家長堅定地大力推動這個想法。在托兒中心成立很長一段時間後，我們才知道這是很前衛的點子，牽涉到許多法律條文和歇斯底里的家

長。直到我們找到安妮塔・芙陶，也就是全美知名的孩童發展專家，我們才放下一顆大石。她協助擬定了州際法規與國家法規，也就是現在大家在家庭式工作環境中習以為常的規範。

安妮塔還引導我們進入更大規模的社會革命──實施產假。安妮塔說她的員工開始公然反抗了，有連續好幾位媽媽離開產房回到公司後，把剛出生的小寶寶帶到公司。我天真地向家長宣布只能把八週以上的寶寶帶來公司時，員工們也做出一樣的回應，他們慘叫：「這樣我們怎麼有錢買菜和付貸款？」然後威脅要辭職。

有關托兒的討論總是要等到發生大事後才會開始。我們同意付薪水給員工，讓他們留在家中照顧嬰兒，還提出更好的條件，告訴員工說爸爸們也可以請假。多年過去了，某些曾經待在托兒中心裡的小孩成為了家長和員工，我們公司的政策也全靠著安妮塔的遊說，成為了聯邦法律。

的樣子，或是跟父母一起在餐廳裡吃午餐的景象，都讓公司更像一個家庭，而不僅僅是企業。我們也提供彈性工時和輪班制，大多是為了方便新手父母照顧小孩，不過其他員工也一樣享有這些福利。

我們從來不需要擺脫迂腐、會束縛員工創意的傳統企業文化，因為大多時候，我們有自己努力堅守的獨特企業文化。我們的公司文化曾經看起來很特殊，但現在看來不會了，許多美國企業都跟進採用更休閒的工作環境，我們在這股風潮中扮演了開路先鋒的角色。

在擴張業務時，我們還是引用了傳統的教科書方法 —— 增加產品數量、成立自營經銷商和店面和開發新的國外市場等等，結果我們很快就面臨嚴重的過度擴張危機。我們幾乎超出了公司的本業，即專業戶外運動的市場。當時，公司若以 1980 年代晚期的成長速度持續下去，就能在十年內成為身價十億的公司，這在理論上是可行的，若要達到這個目標，我們就必須在大型零售商或百貨公司裡銷售產品。我們將自己定位為最佳硬體裝備製造商，成為身價十億的公司將挑戰我們欲生產最佳產品的設計理念，因為我們不確定一家想要生產全球最佳商品的戶外服飾公司，在擁有 Nike 的規模後是否還能維持最佳品質？一家只有十個桌位的三星法國餐廳，可以在增加到 50 桌之後依然保持三星的品質嗎？魚與熊掌可以兼得嗎？整個 1980 年代，這些問題都在我腦中縈繞不去，但巴塔哥尼亞仍在持續成長。此時，我還有另一個煩惱：自然環境在惡化。當我回去自己熟悉的地方，如尼泊爾、非洲和玻里尼西亞等地攀岩、衝浪，或釣魚時，我才親眼目睹環境惡化的情況。我看到了在我上次前往後的數年內，環境發生了哪些變化。

我繼續實行我的 MBA 缺席管理（Management By Absence）理論，在喜馬拉雅山和南美地區最極端的條件下測試公司的服裝和設備。1981 年，我和三個朋友正準備出發去爬 23,000 英尺的西藏貢嘎山時，碰上了雪崩。我們當時位在海拔 1,500 英尺處，在距離一座 300 英尺的垂直斷崖邊約 30 英尺的地方停下腳步。三人中有一人因為摔斷脖子死亡，另一個背部受傷，我則是撞到腦震盪、肋骨斷裂。過去我對海拔 25,000 英尺以上的高山本來就沒有什麼興趣，現在發生了這些意外，再加上有了兩個小孩，我

的興致更是衰退不少。

　　公司需要有人從外頭帶回世界的熱度，我就是那個在外面跑的人，負責帶回新的想法。多年來，我都很興奮地帶回新的產品點子、新的市場版圖，或新的服裝材料。但後來，我開始看到世界在急遽變化，帶回家的消息越來越多都是環境和社會的慘狀。

　　隨著人口成長，非洲的森林和大草原逐漸消失。全球暖化溶化了冰攀運動歷史中部分曾經是冰河的地區。愛滋病與伊波拉病毒出現的時間點，正好吻合森林皆伐與野生動物（例如受到感染的黑猩猩、水果狐蝠等）肉類大量交易出現的時間點。

　　蘇聯尚未瓦解前，我去俄羅斯的遠東地區泛舟時，發現俄國人破壞了他們國家內的許多地區，試圖在軍備競賽中趕上美國。俄國的石油、礦產和林木採集都在摧毀土地，失敗的工業行動更汙染了城市和鄉村。他們在消耗自己的環境資本。

　　我回到家鄉南加州的時候，看到人們在殘存的海岸線和山坡上不斷鋪設路面。我在懷俄明州度過了 30 年的夏天，每年可以看到的野生動物越來越少，釣到的魚也越來越小，而且長達數週都要忍受創紀錄的 33℃高溫，讓人筋疲力竭。可是最嚴重的環境破壞是眼睛看不到的。我在閱讀文

當地男孩與在芬特拉河捕到的鋼頭鱒魚合照。攝於 1920 年。
© Courtesy of Patagonia

章時了解到更多的環境現況，例如快速流失的表土層與地下水、皆伐熱帶森林，以及越來越多的植物、動物（特別是鳥類）瀕臨絕種，還有那些居住在原是淨土的北極圈住民，被警告不能吃當地的哺乳類動物和魚類，因為那些動物都受到工業國家排出的毒素汙染。

　　同時，我們也逐漸得知有些願意奉獻心力的小團體，他們會為了拯救一塊又一塊的棲息地艱辛奮戰，這些奮鬥帶來非常重大的成果。我最早的一次抗議經驗發生在 1970 年代早期我們居住的地方。當時，我們一群人去當地戲院看一部衝浪電影，年輕的衝浪手在電影的結尾請求觀眾去參加市政會議，發言反對市政府在芬特拉河河口開設水道和當地的開發計畫。芬特拉河口是當地的最佳衝浪地點之一，而且離巴塔哥尼亞辦公室只有500 公尺遠。

　　我們當中有幾個人去參加市政會議，抗議可能會破壞我們衝浪休息時間的開發計畫。那時，我們只模糊地知道芬特拉河曾經是鋼頭鱒魚和上百隻帝王鮭（即海洋型的虹鱒）最大的棲息地。其實在 1940 年代時，芬特拉河每年都會有 4,000 ～ 5,000 隻的海洋型虹鱒洄游。但是後來建造了兩座水壩，導致河流轉向。除了冬季下雨之際，其他時間裡河水都是來自一級汙水處理廠排出的廢水。在市政會議中，幾位政府聘請的專家作證說河流

芬特拉河口。攝於 2011 年。© Jim Martin

What does an outdoor clothing company know about genetically engineered food?

Not enough, and neither do you.

Even the scientists working on genetic engineering admit they don't know the full story. But despite the fact that we know so little about the impacts, a salmon has already been engineered that grows at twice the rate of normal salmon, a strain of corn has been created with pesticide in every cell, and trees have been engineered with less lignin to break down more easily in the pulping process. What will be the impact on our health, and the health of the ecosystem, once these new species make it out into the wild or into our food supply? No one knows.

Let's not repeat the mistakes we've made in the past with such inadequately tested technologies as DDT and nuclear energy. We don't know enough about the dangers of genetic engineering. Let's find out all the risks before we turn genetically modified organisms loose on the world, or continue to eat them in our food.

Find out more at
www.patagonia.com/enviroaction

patagonia

Photo: Topher Donahue © 2001 Patagonia, Inc.

戶外運動服飾製造商對於基因改造食物有何了解？

我們了解得不多，你也是。

即使是研究基因工程的科學家也承認自己並沒有全盤了解基因改造食物。雖然我們對基改食品的影響所知甚少，但是已經有一隻經過改造的鮭魚是以平均生長速度的兩倍在成長，基因工程還創造出一批每個細胞內都含有殺蟲劑的玉米；樹木的木質素也在改造後被降低了，好在製作紙漿的過程中可以更輕易地壓碎。這些新品種的動植物一旦進入大自然或是食物鏈，會對生態系統以及我們的健康造成何種衝擊？沒有人知道。

我們不能再重蹈覆轍，如同過去對 DDT 和核能等科技那樣進行不當實驗。我們還不夠了解基因改造潛在的危機。在放任基因改造食品進入世界前，或是在基改食品繼續被當作食物吃下肚前，我們要先找出所有的風險。

已經死亡，建造水道對於河口鳥類或其他野生動物的生態並無影響，對我們的衝浪休息時間也沒有影響。

　　但是一位年輕的研究生馬克・凱普利（Mark Capelli）隨即用幻燈片播放自己在河畔拍攝的照片，河附近有住在柳樹上的鳥類、麝鼠和水蛇，還有在河口產卵的鰻魚等等。當他放出鋼頭鱒魚幼魚的照片時，所有人都起立歡呼。沒錯，還是有幾十隻鋼頭鱒魚會洄游到我們「死亡的」河中產卵。

　　開發計畫中止了。我們給馬克一個辦公空間、一個信箱和少量資金來幫助他為河流奮戰。後來有越來越多的開發計畫出現，「芬特拉河之友」就會努力對抗那些計畫，同時幫助潔淨河水、增加河水流量。我們極力要求政府建造二級汙水處理廠，然後是三級汙水處理廠。野生動植物增加了，回來產卵的鋼頭鱒魚也增加了一些。馬克教會我們兩件重要的事：第一，草根運動可以創造改變；第二，假如付出努力，就有機會復原逝去的棲息地。馬克影響了我們，我們開始固定捐款給努力拯救或復原自然生態地區的小型團體，而不是把錢捐給有許多員工、花費不少經常性費用，並且和企業有合作關係的大型 NGO。1986 年時，我們決定將公司每年 10％的利潤捐贈給這些團體。後來，我們將這筆款項提高為營業額的 1％，或是稅前淨利的 10％，端視哪個金額較高。我們每年都信守承諾，不管營業額是好是壞。

　　1988 年，公司推動了第一項全國性的非主流大型環保活動，支持降低優勝美地都市化程度。我們向作家邀文，將文章印在型錄中，也利用店裡的展示空間宣傳活動。我們參與的程度越來越深，開始推行許多復育鮭魚和河流的運動、抗議基因改造食品，同時支持「野地計畫」環保團體，另外還在歐洲反對會造成汙染的大卡車開經阿爾卑斯山。我們相信全球主義和自由貿易是錯誤的，梅琳達還會以私人的名義捐款給反對北美自由貿易協定和關稅暨貿易總協定的廣告。

　　除了要解決這些外在的危機，我們還必須檢視公司內部，降低公司對環境的汙染。1984 年我們先從回收紙張做起，然後開始廣泛地調查有沒有更環保的紙張材質，希望我們的型錄可以使用再生纖維比例更高的再生紙。我們是美國第一家在型錄中使用再生紙的公司，所以第一季推出後的

結果真的是慘不忍睹。尚在實驗階段的再生紙吸墨效果不佳，導致照片模糊不清，顏色跟爛泥一樣混濁。不過，光是改用再生紙的第一年，我們就省下了 350 萬瓦的電力、600 萬加崙的水、避免排放 52,000 磅的汙染物到空氣中，也無需傾倒 1,560 立方碼的固態廢棄物到垃圾掩埋場，而且減少砍伐 14,500 棵樹。隔年，再生紙品質大幅改善。我們也研究了如何在興建與改建大樓時使用回收、再利用和毒素較低的材料，成為環保建築的先鋒。我們與威爾曼及摩敦紡織公司合作，開發可在辛奇拉刷毛布中使用的再生聚酯纖維，還發現可以用 25 個一升的回收水瓶或汽水瓶，製作一件辛奇拉刷毛夾克。

在推動上述行動的同時，公司也在持續成長。1980 年代後期，我們在許多領域都非常成功，我們開始相信公司可以持續擴張下去，也計畫要擴大營業規模。

擴張並不是輕而易舉的事，我們必須掙扎著趕上更快的成長速度。公司的規模不斷地超過辦公室的容量，也不斷地超過我們的供應商、銀行、內部資訊系統，以及經理們的負荷量，而且似乎每隔幾年就必須買進更大、功能更好的電腦。我到現在還是不使用電腦，而且對所有的電子產品都沒興趣，可是某天我覺得自己至少應該要去電腦室看看大家取名叫「羅斯可」的最新 IBM System 38。我看著龐大的鐵堆高聲地說：「我花了 25

上圖　修納戶外用品公司的竹製斧頭，展示於紐約現代藝術博物館。斧頭是藝術還是工具？
© Olaf Anderson

萬美元買了這個！」

「不是。」經理說。「那是冷氣機。羅斯可在這裡。」

梅琳達跟我常常會和經理爭辯，希望能用較保守或較「自然」的方式成長，特別是批發業務那方面。但是我們也要求經理擴張零售與郵購業務，因為零售和郵購可以更直接的和顧客互動。此外，我們也要求將業務推向國際，協助平衡美國國內的淡季業務。同時，我們也推出新的專業運動用品，1989 年，我們供應登山、滑雪、泛舟、釣魚，及出海時用的專業外套，也提供所有戶外運動都能穿的隔熱衣和內衣。但是銷售結果還是一樣，公司大部分的成長都來自較不專業的運動服飾，而且許多產品都是經由批發販售。新的運動專用產品線還有許多諸如品質、物流和銷量等問題。整體來說，商品的成本回收時間從一年延長為兩年。

公司的第一次大型危機不是營業額降低，而是遭遇法律訴訟。1980 年代晚期，修納戶外用品店還在經營時，面臨了數件法律訴訟。這些訴訟都與產品缺陷或登山客無關，控告我們的是一位洗窗工人、一位水管工人、一位舞台經理和某位在拔河比賽時使用我們公司的登山繩而弄斷腳踝的人。每件訴訟的依據都是「未適當警告」，指控我們沒有提出適切的警告，提醒他們若非以公司預料中的方式使用裝備，可能會帶來哪些危險。後來又出現了更嚴重的訴訟案，某位律師在攀岩的初學者課程中，以錯誤的方法使用我們的吊帶而身亡，他的家人因此控告我們。

提出告訴的人都以為修納戶外用品和巴塔哥尼亞是同一家公司，所以既然巴塔哥尼亞的生意那麼好，那他們將可以從巴塔哥尼亞撈到些好處。我們的保險公司拒絕讓任何一件控訴對簿公堂，選擇在庭外和解，導致公司的保險費在一年內飆漲了 20 倍。最後，修納戶外用品只好申請第 11 條破產條款，這項條款讓我們的員工有時間聚集資金買下公司。他們成功的買下公司資產，把修納戶外用品搬到鹽湖城，改建立成「黑鑽公司」（Black Diamond Ltd.），到現在，這家公司仍在製作全球最佳的攀岩與越野滑雪器材。

在我們無須處理訴訟之後，緊接著國際業務也帶來了令我們無法入眠的夜晚。我們在歐洲的起步不但舉步維艱，而且損失嚴重。我們與被授權

商和經銷商的關係破裂，與第一批歐洲和日本分公司經理的關係也接連破裂。克莉絲‧麥迪維特認為公司的營運越來越專業，需要一位擁有更多實務商業經驗的執行長，所以我們就雇用了一位執行長，克莉絲則繼續管理品牌與企業形象。

我們認為不管在國內、國外，公司都必須在主要城市或旅遊景點設立直營門市，因為這樣才能完整傳達我們的訊息給客戶。我們在 1987 年於法國夏慕尼開設了第一家歐洲店鋪，夏慕尼是攀爬阿爾卑斯山的基地。另外，我們也在 1989 年於東京開了分店。我們以穩定的速度增加美國國內的店面，從 1986 年之後每年增加兩家門市，1986 年時則首次冒險在芬特拉以外的舊金山開了新店面，大多數的店面從一開始就很成功。

巴塔哥尼亞的郵購部門碰到比較多難題，大部分的問題出在我們不採用傳統業界的郵購策略，我們不出租郵購目錄，也不會在只變更封面時寄出名義上是「全新的」型錄給相同的顧客。我們在這類限制中營運了將近 10 年，找不出更有效的郵購推銷方法。此外，我們也不懂如何有效管理郵購存貨，導致季末時還留有存貨，公司就必須將過量購入的商品轉移到批發部門，批發部門也只好用規模越來越大的年度大拍賣來傾銷商品，這讓我們感到很苦惱。

批發部門確實有嘗試避開該銷售管道常見的嚴重超額銷售情況。當百貨公司及運動用品連鎖店找上門時，公司會拒絕合作。我們減少了一半的經銷商數量，將心血投注在最忠心耿耿的經銷商上。不過，批發還是要靠數量有限、且大多為「非專業」的運動用品帶來銷售成長。我們很難賣出泛舟、航海和毛鉤釣魚等運動服裝，因為在這些領域中，我們必須與大家熟知的專用品公司競爭。我們開始擔心公司的形象會變得太柔性、太過於傾向休閒運動服飾。

為了重新建立過去修納戶外用品擁有的企業形象，我們把巴塔哥尼亞的產品分隔成八個類別，分別雇用了八位產品經理來管理。每位經理都要負責旗下產品的開發、行銷、存貨、品管，也要和三個銷售管道合作，包含：批發、郵購，及零售部門。在 1990 年，我們擬定了一份財務與產品計畫，來配合新一年要達成的 40% 成長目標，為了避免事後又要追趕成

長速度，我們在成長前就先增聘了 100 位員工，並重新改建了一部分的舊屠宰場來容納新員工。

現在回頭看當時情況，我可以看出我們犯下了所有成長中公司會犯的典型錯誤。我們沒有為公司的新領導人提供適當的訓練，而且管理一家擁有八大類獨立產品、三種銷售管道的公司帶來的沉重負荷，也遠遠超出了管理階層的能耐。我們從來沒有建立好運作機制，來鼓勵管理階層聯手，努力達成全部的商業目標。

我們被迫放棄進行中的計畫，因為在同一時間開發特定市場的產品並組合那些複雜的配銷管道，猶如魔術方塊一樣困難，沒有人知道該如何解決問題。公司的組織圖看起來就像星期天報紙上的拼字遊戲，而且組織圖更動的頻率也頻繁的不遑多讓。公司在五年內就重整了五次，每個新計畫都無法勝過前一個計畫。

這種情況發展到了一個程度，我們開始認為自己需要外界的觀點，所以梅琳達、我和公司的執行長與財務長，一起去向一位備受推崇的顧問尋求建議。我們連絡了麥克・卡米（Michael Kami）博士，他曾經為 IBM 進行策略規畫，後來也讓哈雷機車起死回生。我們所有人都坐上飛機，前往佛羅里達與他見面。卡米博士年約 70 歲，個子不高，講話時有著濃濃口音，留了滿臉落腮鬍，而且充滿無限的精力。他住在一艘巨大的遊艇上，頭戴船長帽，縫有肩章的襯衫鈕子敞開著。

他表示在幫助我們之前，希望能先了解我們進入業界的原因。我說了公司的歷史，以及我認為自己只是一位湊巧建立起成功事業的工匠。我跟他說自己一直都有一個夢想，就是等到我存夠錢後，要航海到南方海域，尋找最理想的海浪和最棒的梭魚海釣洋區。我們表示自己之所以沒有賣出公司和決定退休，是因為我們對世界的命運感到憂心，而且覺得自己有責任利用手頭的資源來做一些事。我們告訴他公司捐出 10% 收入的捐款計畫，而且過去一年內已捐出了 100 萬美元給超過 200 家組織，我們留在業界的主要原因就是為了賺得可以捐贈的金錢。

卡米博士思考了一下，然後說：「我覺得這全是胡說八道。如果你們是認真想要捐錢，就應該用 1 億美元之類的價格賣掉公司，然後自己留下

200 萬，把剩下的錢放在基金會裡。這樣你就可以用這些本金作投資，每年捐出 600 萬或 800 萬。而且，如果你賣給正確的買主，他們或許還可以持續進行捐出 10% 收入的計畫，因為那是很好的公關。」

我的經理們向他抗議。

「你們有什麼好擔心的？」卡米博士轉頭對他們說。「你們都還年輕。可以找到其他工作的！」

我說自己擔心不知道賣出公司後，公司會發生什麼事。

「或許你在欺騙自己。」他說。「欺騙自己留在業界的原因。」

這像禪師突然給了我們一記當頭棒喝，但是我們離開時並沒有得到啟發，而是比之前更加困惑。

後來，我繼續思考自己做生意的真正原因，多年來巴塔哥尼亞的年複合成長率都有 30 ～ 50%，而且公司一直試圖做到面面俱到，但 1991 年巴塔哥尼亞碰到了巨大的困難。當時，美國進入經濟衰退期，我們過去都是以成長率作為年度計畫的基礎，也按照目標成長率買進存貨，但是成長率卻停滯了。我們的營業額並沒有比前一年少，而是「只」成長了 20%！然而這 20% 的差距就幾乎讓我們完蛋。經銷商取消訂單，存貨開始堆積。不管是郵購或國外部門都無法達到預期目標，因此兩方都退回存貨。我們盡量降低春秋兩季的生產、凍結了人員雇用和非必要的旅行、放棄新產品，並停止銷售邊際效益不大的商品。

危機很快就變得更嚴重。我們主要的借貸對象太平洋銀行出現財務問題，所以他們大幅縮減我們的信用額度，在數個月內就調降了兩次。為了符合新的借款限制，我們必須大幅降低支出。我們擬出計畫，關閉倫敦、溫哥華和慕尼黑的辦公室與銷售展示處，解聘了執行長和財務長，請克莉絲・麥迪維特回來擔任執行長，並暫時請歐洲區經理亞倫・德福帝進來擔任營運長。

我們從來不會為了降低經常性費用而裁員，事實上，我們從來沒有因為任何原因而裁員。因為對許多人來說，公司不只像一個大家庭，而是真的就是家庭，因為我們總是會雇用朋友、朋友的朋友和他們的親戚。丈夫與妻子、媽媽與兒子、兄弟姊妹、堂表兄弟和姻親，大家都在不同部門中

一起工作。裁員對所有公司來說都不愉快，我們公司更是連想都不會去想。當裁員的需求變得越來越急切，這種緊張情緒幾乎讓人無法承受。

我們也考慮過其他選擇，例如削減支出和減少工時，但是最後判斷還是只有裁員才能解決我們製造的問題。在公司的成長過程中，我們增雇了太多人來做分量變得太少的工作。於是，在1991年7月31日黑色星期三，我們裁掉了120名員工，這占公司人數的20％。那天無疑是公司史上最黯淡的日子。

我了解公司的危機只是當時全球各地狀況的縮影。看守世界研究中心在1991年的世界情勢報告中指出：「目前全球經濟的年產出為20兆美元，人類只需要花17天就可達到1900年一整年的總產出。但是這些經濟活動已經逾越了許多地區、區域和全球的極限，導致沙漠蔓延、湖水和森林土壤酸化、溫室氣體逐漸累積。如果我們持續以最近數十年的速度成長，那麼這股壓力遲早會讓全球系統崩潰。」

我們公司跟全球經濟一樣，已經超出了本身擁有的資源和限制，開始依賴不永續的成長模式。身為小型公司，我們不能忽視這個問題，也希望問題趕快消失。我們被迫重新思考事物的優先順序，並施行新的手段。我們必須開始打破規則。

我帶了十多位高階經理到阿根廷，前往吹拂著山風的巴塔哥尼亞山脈進行徒步之旅。在野地裡漫步行走時，我們自問為何要待在業界？我們又希望巴塔哥尼亞成為何種企業？一家身價十億美元的公司嗎？可以，但是若我們無法製作出能讓自己驕傲的產品，那就免談。我們討論了該採取什麼行動來協助公司降低企業帶來的環境傷害，也討論了彼此共有的價值觀，以及我們共同的文化理念，這些價值觀和文化理念帶領了大家進入巴塔哥尼亞，而沒有選擇其他公司。

回來後，我們創建了董事會，董事會成員都是值得信賴的朋友和顧問。其中一位成員是作家兼深層生態學家傑瑞・曼德（Jerry Mander）。某次董事會會議中，我們努力地想把公司的價值觀和使命訴諸文字，傑瑞犧牲自己的午餐時間寫了起來。他交了一篇構思完美的文章（參見 p.91）。

我們知道失控的成長讓公司的價值觀變得岌岌可危，這些價值觀是公

上圖 巴塔哥尼亞公司在巴塔哥尼亞山的徒步旅行。攝於 1991 年。
© Courtesy of Patagonia

這就是傑瑞・曼德那天拿給董事會的文章：

巴塔哥尼亞的企業價值觀

本文的背景是地球上所有生命正面臨了關鍵時刻，生存將逐漸成為大眾關注的議題。從日漸消亡的生物多樣性、文化多樣性，與維持地球生命的生態系統上，我們可以看到就算生存沒有發生問題，那就可能是人類的生活品質或是自然的健康會發生問題。

發生這些問題的根本原因，與深植在我們經濟體系的基本價值觀有關，其中也包括了企業界的價值觀。許多企業的價值觀有問題，最主要的問題就是企業將擴張與短期利益放在首位，而忽略其他價值，例如品質、永續、環境與人類健康，以及健康的社群等等。

本公司營運的基本目標，就是在完全了解上述問題的情況下，試圖重新排列企業價值的優先順序，並製造出能夠改善人類與環境條件的產品。

為了達成這些改變，我們的營運決策將以下列價值觀為基礎。以下的價值觀並非以重要性排序，因為它們一樣重要，它們代表的是一種價值觀的「生態」，我們認為經濟活動能夠幫助減緩今日的環境與社會危機，所以價值觀的「生態」必須加以強調。

- 公司的所有決策都以環境危機為前提。我們必須努力不造成傷害，只要能力可及，我們的行動都應該要能緩和環境問題。我們將持續評估、重新衡量公司的商業活動，同時不斷尋求改善。
- 產品品質將會是我們注入最多心思的項目，品質標準的定義包括耐用度、利用最少的自然資源（包含材料、能源和運輸）、多功能、低汰舊率，以及完全發揮功能時所產生的美感。關注瞬息萬變的流行趨勢顯然不是我們的企業價值。

- 董事會與管理階層都了解健康的社群也是永續環境的一部分。我們認為自己是整體社群的一份子，整體社群包含了我們的員工、居住的社區、供應商和顧客。我們了解自己對上述所有關係負有的責任，做決策時也會考量大家的普遍利益。我們的理念是雇用與公司擁有相同基本價值觀的員工，同時保有文化與種族的多樣性。

- 雖然我們未將利潤放在第一順位，但是我們也希望能在商業活動中獲得利潤。然而，成長與擴張皆不是本公司的基礎價值觀。

- 為了協助降低公司商業活動對環境帶來的所有負面影響，我們會對自己課徵稅金，每年交出1％的總營業額或是10％的利潤，視哪項金額較高而定。這些稅金款項將全部捐給當地的社區和環保行動人士。

- 巴塔哥尼亞鼓勵所有的營運階層，包括董事會、管理階級，以及員工採取積極的行動，並在行動中反映公司的價值觀。比如參與能影響較大型企業的活動，嘗試調整大企業的價值觀與行為；或是透過行動與金錢，支持努力解決現存環境、社會危機的地區性與全國性社會運動人士。

- 公司內部營運時，最高的管理階層將採取團隊合作，保有最大的透明化。我們的「公開透明」政策，讓員工可以很容易地得知管理階層的各個決策，但是「公開」必須限制在不侵犯個人隱私與不妨害「營業祕密」的正常範圍內。在企業各個層級的活動中，我們鼓勵員工公開溝通、營造合作的氣氛，以及盡最大的可能達成純樸、簡潔，同時，我們也追求活力與創新。

司得以成功的其中一個原因，它們不能用附有既定答案的指導手冊來表達。我們需要一套富含哲思、能鼓舞士氣的綱要性指導準則，來確定自己一定能提出正確的問題，並正確地解答問題。我們將這類指導準則稱為理念，公司內每個大型部門和單位都有各自需依循的理念。

當我的經理們在爭執要採取哪些步驟來解決銷售與現金流危機時，我開始根據這些新編寫的理念，帶領大家進行為期一週的員工討論會。我們一次帶一整車巴士的員工前往優勝美地或舊金山北邊的馬林岬等地露營，坐在樹下一起聊天。我的目標是教導所有員工，公司的商業道德、環保倫理，以及價值觀。最後，財務實在太拮据了，連租巴士的錢都付不出來，我們就在當地的洛帕竹國立森林區露營，持續訓練課程。

我現在理解到，在當時那個危及公司存亡的關鍵時刻，我想要將自己過去身為一個人、一位攀岩者、衝浪者、泛舟者和毛鉤釣客時學到的課題，都灌輸到公司裡。我一直試著以最簡單的方式生活，當我在 1991 年了解了當時的環境狀況後，就開始吃食物鏈中較底層的食物，並減少消費物質商品。從事危險運動教了我另一件重要的事：絕不要超過自己的極限。你可以接近極限、活在極限的邊緣，但是不能超越極限。你必須對自己誠實，必須知道自己的優點和極限，並活在能力範圍內。商業經營也是如此。一家公司越想要成為不符合自身性格的公司，或者越想要「擁有全部」，那這家公司滅亡的速度也就越快。是時候應用一些禪的哲理在公司經營上了。

然而，即使我幫員工上了巴塔哥尼亞的理念課程，我還是不知道該怎麼做才能讓公司跳脫混亂的情勢。但是我知道公司已變得無法永續經營，我們必須學習印地安易洛魁族（Iroquois）和他們的七代計畫，視他們為企業管理與永續發展的典範，而不是向美國企業界學習。易洛魁族在做決策時，他們之中會有一人代表未來的第七代子孫發言。如果巴塔哥尼亞可以從這次危機中生存下來，我們做決策時也需要假設自己將會留在業界百年之久。我們只能用可以永續經營百年的成長速率經營公司。

教育員工讓我找到回答卡米博士問題的真正答案。在商場打滾了 35 年之後，我終於了解自己從業的原因。沒錯，我希望能捐錢給環保事業，

1994 年 6 月 12 日

To：艾利森

From：克莉絲‧麥迪維特

Re：有趣

親愛的艾利森：

　　為什麼公司使命中沒有提到「有趣」這個詞？我也不知道，這或許是個好問題。

　　「有趣」消失了嗎？它去哪裡了？何時離開的？讓我們暫時假設妳說的對，「有趣」應該是巴塔哥尼亞文化的一部分。當然，我希望公司的同事在一起工作時，就算不覺得有趣，至少也應該是快樂的。如果我們過得不有趣的話，我替妳思索了一下這問題是怎麼出現的——讓我們怪伊方吧。

　　他是我們之中第一個知道世界即將走向生態崩解末日的人，也是我們之中第一個知道大家都即將一併沉沒的人。他先看了書，他開始拼湊真相，時間絕對比大家知道丟垃圾前要先分類還要早上許多。對，我想就是伊方的錯，所以我們才沒有把「有趣」放入企業使命中。

　　為了讓妳了解，至少對我而言，我現在已經很難像以前一樣可以過得逍遙、當個特立獨行的人或叛逆的搗蛋者，逆其道而行地管理企業，因為地球和大部分的居民現在都陷入了可能無法復原的嚴重問題中。我自己就親身體驗到，一旦妳開始知道我們有多麼接近某種自然危機，從那刻起，妳對世界的觀感會完全改變。即使妳決定盡到自己能力所及的最大努力，但不累死自己，妳知曉的一切卻依然不會消失。請記住在公司裡，我們每天都要向人宣導環境危機已經近在眼前，所以我們也很難以任何形式幫妳負擔肩上的重任。

　　沒有什麼事情可以讓我們的工作變得無趣，而且老實說，我們還記得如何做到「有趣」。但是我可以很確定地告訴妳，我們享受「有趣」的方式將會不一樣，我們要把主要的注意力放在地球上，「有趣」的事則偶一為之。

上圖 這是拆除前的艾德華水壩。1989 年,四個環保團體組成了康乃貝克聯盟來說服聯
邦能源管制委員會拆除艾德華水壩,復育海洋洄游魚類。巴塔哥尼亞公司的幫助
方式則是捐助金錢,同時設計公眾訊息廣告,在全國和地區報紙中進行宣傳。水
壩在 2000 年拆除,現在已經有大肚鯡、條紋鱸魚、美洲西鯡、鱒魚和鮭魚棲息
在哈德遜河北邊最長的 17 英里支流中的產卵地裡。接下來我們要拆除的目標水
壩是:馬提利賈、下花崗、冰港、下蒙諾曼塔、小鵝、維齊、格雷沃克……等等
水壩。© Scott Perry

但是我更希望我能使巴塔哥尼亞成為其他公司的楷模，讓其他公司在追尋自己的環境策略和永續性時，能參考我們的做法，就像我們的岩釘和冰斧曾是其他裝備製造商的楷模一樣。進行員工教育課程時，我再度想起了自己是如何成為商人的，過去，每當我登山回家時，滿腦子想的都是要如何改善旅途中使用的每件服裝與裝備。教導那些課程時，我了解到高品質標準與經典設計原則是推動巴塔哥尼亞前進的動力。我們製作的產品、每件上衣、夾克，或褲子所擁有每項功能，都必須是不可或缺的。

　　經濟情況突然在 1991 年迅速好轉。轉眼間，我們成為一家更專注、謹慎的公司，我們將成長速度限制在可永續經營的速率內，謹慎地規畫支出，同時也用心管理。我們在三年之內縮減了數個管理階層，把存貨統一併為單一系統，同時將銷售通路歸給中央管理。將公司理念和員工教育課程中的共同文化經驗寫成文字，對公司經濟情況的好轉有極大的助益。我曾聽說過聰明的投資人和銀行都不會信賴尚在成長中的公司，除非該公司克服了首次重大危機，證明自己的能力。如果這個說法是真的，那我們已經獲得了投資人和銀行的信任。

　　我很慶幸自己沒有聽從卡米博士的意見。如果我當時賣掉公司，將收益投資到股市裡，那 2008 年的金融危機後我可能就沒剩多少錢能捐給環保團體了。如果我沒有留在業界，我絕不會了解（雖然是以很痛苦的方式了解）巴塔哥尼亞曾經與整體工業經濟一樣，在推動不永續的成長。

　　1992 年，《創業家》雜誌（Inc.）刊出一篇有關巴塔哥尼亞的文章，評價非常負面。該文章的結論質疑我們能否在 1990 年代後繼續生存：「伊方·修納吹噓自己的公司是未來的模範，但事實上這家公司的時代可能已經過去了。」

　　不過，實際上我們在千禧年後還依然屹立，而且老實說做得很不錯。我們把公司的成長控制在我們自稱為「有機成長」的步調上。我們不強迫自己成為戶外專業運動用品市場中最突出，卻不符合原本性格的公司。我們讓顧客告訴公司每一年應該要成長多少，經濟大衰退的中期，成長率可能是 5 ～ 25％，這段時間顧客變得很保守，他們停止購買一切虛華不實的東西，轉而付更多的錢買那些實用、多功能且耐用的產品。我們撐過了

那段時期。

我們不但從業務中獲利，更因為優先把員工福利納入企業考量，而贏得了許多獎項。我們獲得《職業婦女雜誌》票選為「最適合職業婦女工作的百大公司」，以及《財星》雜誌「最適合工作的百大公司」。型錄和網站則獲得《目錄年代》（Catalog Age）頒發的金獎和銀獎共20次。在2004年，最佳工作地點協會與人力資源管理協會票選巴塔哥尼亞為「前25名中型企業」的第14名。

在1997年，我們成立了「水女孩公司」，生產衝浪運動與水上運動的女性服飾。我們不用巴塔哥尼亞的名稱經營水女孩，是因為巴塔哥尼亞主要經營的是攀岩用具，形象比較邋遢，我們認為如果把比基尼商品跟攀岩用具聯想在一起有點冒險。但現在，我們已經把「水女孩」改回「巴塔哥尼亞」，用我們引以為傲的名稱作為衝浪運動服飾的品牌名稱。

除了生產衝浪運動和其他水上運動會用到的布料、潛水服和衝浪板，我們還開拓了飛蠅釣（flying fishing）業務，並開了一條新的生產線，製作可以讓人在大自然中「隱形」的自然色衣服。這條線同時也為藍領工人生產適合粗重工作的衣服。我們希望巴塔哥尼亞未來可以在山岳、荒野活動，與海洋、水上運動這兩條業務間取得平衡。

我們的海外市場已經擴展至拉丁美洲、歐洲和亞洲，並嘗試平衡批發和直營的銷量。直營門市大多都是老舊的獨棟建築，我們把它們從拆除房子用的大鐵球下拯救出來。我們在內華達州雷諾（Reno）建造了一間倉庫，擁有最尖端的節能技術，獲得美國綠建築協會（LEED）的金級認證。芬特拉總部的三層樓辦公室則有95％的建材都是使用回收材料。屋頂及停車場上也都裝有太陽能板。

我們最終也解決了如魔術方塊般複雜的多元產品線管理問題。我們建立了四組半獨立的運動產品團隊，每一組都有各自的領導人、設計師、產品經理和處理財務及行銷的人員，但各組不需要負擔各自錯綜複雜的存貨問題。

我們公司在1994年製作了第一份內部環境評估報告，開始問自己在製造衣服的過程中對環境造成什麼影響。同時，我們也是第一家利用回收

右頁圖 40年後，我依舊在打鐵鋪裡玩耍。© Tim Davis

聚酯保特瓶製成再生纖維的公司，這種再生纖維可以用來生產辛奇拉布料夾克。到 1996 年，巴塔哥尼亞所有的棉製衣物都改用 100％的有機棉花。

1994 年起至今，巴塔哥尼亞主要致力於重整公司的供應鏈，包括：檢討自然有機纖維和再生人造纖維的使用、減少使用有毒染料和化學物質、提供更好的員工訓練，還有必須負起產品從出生到回收再製之間一切的責任。

不過最讓我們感到驕傲的不是銷售數字，甚至也不是我們的產品系列，而是我們從 1985 年起已捐出了價值 6,600 萬美元的現金與實物，大部分是捐給地區型的環保運動者。我們衡量成功的標準，是看自己防止了多少威脅，比如：古老森林沒有遭到皆伐、原始地區的礦產未曾遭到開採和不噴灑有毒的殺蟲劑。我們也會注意公司支援的行動有什麼有形的成果，比如：拆除了多少有害水壩、復育多少河川、促成多少河川列入自然與景觀河川，以及創立多少個公園和野生動物棲息地。我們不能說這些勝利全是自己的功勞，因為我們僅是前線運動夥伴的贊助人。巴塔哥尼亞會提供種子經費，或者擔任許多自發運動和成功抗爭活動的主要贊助人。

巴塔哥尼亞在歷經 1991、1992 年的危機之後，到今日的這段歷史，很幸運地不是一段多麼「刺激」的故事。我說的「刺激」當然是反諷之意。重大的問題大致上都已經解決了，除了管理階層為了讓公司保持在「亞亞克」*（yarak）的狀態時製造的危機外，沒有再發生什麼問題。以上這段歷史故事，事實上是在說明我們如何嘗試實踐自己的企業使命──「製作最棒的產品，但絕不造成無謂的傷害，並利用企業來激發、實踐解決環境危機的方案。」

---

*　「亞亞克」是馴鷹術語，表示一隻鷹正處於高度警戒、飢餓，卻不衰弱，而且已經準備好進行打獵的狀態。

　右頁圖　剛打造好的岩釘。© Chouinard Collection

Philosophies
經營理念

2

　　巴塔哥尼亞專門為設計、製作、配銷、行銷、財務、人資、管理，以及環保相關部門撰寫各自需要遵守的理念，各項理念背後反映了公司內在的價值觀，並引導巴塔哥尼亞進行設計、製作和銷售服飾的程序。同時，這些原則也可以應用在其他事業中，比如我們就曾經把生產服飾的指導原則用在房屋建築上。

　　商場上的一切瞬息萬變，用白紙黑字寫下一整套理念又有什麼好處呢？巴塔哥尼亞在面對網路市場擴張、北美自由貿易協定（NAFTA）及關稅暨貿易總協定（GATT）、無數廣泛影響設計與生產的科技躍進、新員工的不同組成背景，以及顧客不斷改變風格和生活型態時，又是如何實踐我們的公司理念呢？

　　其實我們的理念並非規則，而是指導方針。這些理念是我們進行所有計畫的基礎，雖然理念已「刻在石頭上」，但是在應用到實際情況時並非固定不變。所有歷史悠久的公司做生意的方式可能一直都在改變，可是價值觀、文化和理念卻是一貫不變。

　　在巴塔哥尼亞，這些理念都必須傳達給公司各個階層的員工了解，這樣每個人就能知道該選擇哪條正確的路、能自主行動，無須跟隨死板的計畫，或是等待「老大」的指示。

　　遵循這些價值觀，以及了解公司各部門的理念，讓我們可以共同面對一致的方向、提高效率，並避免缺乏溝通會帶來的混亂。

　　我們在過去 10 年中已經犯下許多錯誤，但是迷途的時間絕對不算長。我們的理念是根據一張粗略規畫的未來藍圖設計的，這種粗略的藍圖在商場上正好可派上用場，因為商場的樣貌跟山岳不同，商場會不斷改變，而且少有警訊。

Product Design
Philosophy
產品設計理念

　　公司的第一個使命是「製作最棒的產品」，這是巴塔哥尼亞存在的理由，也是公司理念的基石。我們之所以會進入業界，就是因為想要努力生產最佳品質的產品。巴塔哥尼亞是以產品為根的公司，假如沒有實際產品，我們顯然就沒有生意可做，公司的其他目標也將不再重要。擁有優質、好用的產品，是我們在真實世界中的業務基石，讓我們可以開展自己的使命。

　　我們向來致力於生產全球最佳的登山裝備，顧客的生命也依賴公司的產品，所以我們不會滿足於製作次佳品質的服飾。我們的服飾從海灘短褲到法蘭絨襯衫，從內衣到外衣，都必須是該種類服裝的最佳產品，這種試圖製作最佳產品的決心，激勵了我們建立最佳的兒童看護中心，以及最佳的生產部門，更激勵我們成為這一行的佼佼者。

　　「製作最佳產品」是很困難的目標。我們不能只成為最佳產品「之一」，或是成為「某特定價格範圍」的最佳產品，而是必須生產該產品類別中的「最佳」產品。

　　要如何讓某個產品成為該類別中的最佳產品？在公司早期，擔任設計主任多年的凱特·萊拉曼迪給了我一項挑戰。她說我們製作的產品不是全球的最佳服飾，而且如果我們要做最佳服飾，我們會倒閉。

　　「為什麼？」我問她。

　　「因為義大利製的衣服才是全世界最棒的。」她說。「義大利服裝用的是手織布料，搭配手縫鈕扣和鈕扣孔，做出完美的成品，而且一件要300美元。我們的顧客才不會花那個錢。」

　　我問說：「那如果把300美元的上衣丟到洗衣機和烘衣機裡會怎樣？」

　　「你絕對不會這麼做，這樣會縮水，衣服要用乾洗。」

弗萊契如何製作「最佳」衝浪板

　　我的兒子弗萊契只有十多歲時，我告訴他說，我不在乎他未來想要做什麼工作，只要他可以學會用雙手完成某種技術就好。他選擇了手工打造衝浪板，這正是適合他學習的技術，因為他有輕微的閱讀障礙，有閱讀障礙的人常常都對比例異常敏感，所以能成為優秀的雕刻家。

　　幾年過後，當弗萊契決定將製作衝浪板作為畢生志業時，我試著鼓勵他製作更精良的衝浪板。「我辦不到。」他說。「我做的衝浪板不可能比艾爾（Al Merrick，知名衝浪板製作者）或 Rusty 品牌更好。他們做的衝浪板是最棒的，他們有最好的技術。」

　　我說：「可是當職業衝浪手到大溪地或印尼去旅遊時，他們都必須要帶 6～10 塊衝浪板同行，因為至少有一半的衝浪板都會斷掉。你說那個叫最佳品質？」

　　「可是大家的衝浪板都一樣會斷。」他回答。

　　我們發現在衝浪板的整體品質評斷準則中，並不包含耐用度。事實上，衝浪板只是流行配備，因為天真的年輕人常常堅持購買跟世界冠軍同款的衝浪板。你可以想像跟世界冠軍用同款的衝浪板這件事是多麼的吸引那些年輕人！

　　當我說服弗萊契著手製作更佳的衝浪板之後，他就必須自己整理出所有定義衝浪板品質與性能的準則。

　　在品質準則方面，首先必須包括所有構成完美成品的要素：玻璃纖維表面上不能有「磨沙」、不能有氣泡，要有流暢的線條等等。接著他必須研究影響衝浪板耐用度的因素，例如破裂強度、抗壓強度（可重複抵抗踩踏的壓力）、抗紫外線老化、舵盒強度、泡棉吸水性等等。性能準則的主要要素則包含如極速、可轉向速度，及滑水特性等。另外還有某些準則比較難定義，例如「顧客反應」、音質和彈性。

　　接著弗萊契需要研究各種不同種類的泡棉、木頭，以及其他製作衝浪板板脊的纖維、玻璃纖維表層和外層樹脂的材料等等。他製作了數百片板子來測試強度、重量、彈性和抗脫層。同時他還需要削磨數千片的衝浪板，直到他能相信自己的削磨技術不會拖累自己。

　　最後的結果是他製作的衝浪板更輕、更堅固，而且性能一樣優秀，使用時間也可以比其他衝浪板維持更久。雖然一般衝浪手仍對自己衝浪板的品質毫無了解，也不太要求，但是弗萊契卻很清楚。

　　對我來說，如果一件上衣需要如此小心翼翼地對待，這件衣服的價值就會降低，因為我認為衣物必須要能輕鬆照料，這是一項重要的功能。既然我絕對不會買那種上衣，那就更別提製作和販賣那種衣服了。

　　如果我的設計主任和我對品質的看法如此不同，那很明顯的，我們需要仔細擬定巴塔哥尼亞在設計服裝時該考量哪些準則。韋氏字典對「品質」的定義是「水準卓越」，所以最佳品質也就意味著最高水準。某些人相信品質是主觀的，就像有些東西有的人覺得很好，但另一個人可能覺得平庸無奇。但他們會這樣想，應該是把品質想成了「品味」，也就是「個人偏好」。最後，我的設計主任和我終於有了共識，承認品質絕對是客觀且可定義的。如果沒有達成共識，我們會連設計準則都無法擬定。

　　我們最後列出了一張清單，讓巴塔哥尼亞的設計師可以作為思考依據，這份清單也能運用在其他產品和公司上。如果我們已經清楚定義產品各個面向的品質準則，那麼要評斷什麼是最佳服裝，或什麼是最佳汽車、葡萄酒、漢堡，就很清楚明瞭了。但是，當我們在思考什麼是最佳品質時，切記不可犯下拿橘子和蘋果比的錯誤，登山家在攀登阿爾卑斯山時穿的外套和城市裡使用的雨衣，雖然都是防水的，但是兩者並不一樣。其中一個不一定比另一個好。我們的目標是成為自己那個領域中最優秀的公司。

　　以下就是巴塔哥尼亞的設計師，在判斷某項產品是否符合公司的設計標準時，必須檢視的主要問題。

設計首重實用性

　　或許某天流行史學家會推崇巴塔哥尼亞鼓勵了戶外運動者改掉灰色運動服，換上繽紛色彩。但其實我希望他們記得的部分，是我們為第一批將工業設計原則套用到服裝設計上的公司。

　　工業設計的首要準則，就是產品的功能決定了設計與材料。因此，所有巴塔哥尼亞的設計都得先考量功能需求，由功能決定產品形式，一件保暖內衣必須要吸汗透氣又快乾，登山夾克不只要能抗水和防水，還要能讓手臂完全伸展，並且要透氣，以排出攀爬時產生的汗水。

　　在流行服飾界中，設計程序通常都是先考慮要用哪種布料，接著再為

布料想出一種用途。但在巴塔哥尼亞，我們通常是最後才會去選擇布料，不過新的布料也可以激發我們的創意、生產新的產品，例如當我突然看到以聚酯纖維製成的橄欖球衫時，就發現了將此種纖維做成攀岩服的可能性。我們感興趣的是產品本身，只用膚淺的角度去考量要用何種布料不是設計的重點。

即使是運動服，我們的首要考量依舊是衣服的功能，比如我們會考慮這件上衣是用在溼熱的熱帶氣候裡，還是用在乾熱的氣候裡？上衣需要哪種皺摺，或者要多合身？要用寬鬆織法讓衣服可以快乾，還是要用緊密編織以避免尖銳的蚊子嘴？只有在定義了產品的功能需求後，我們才會開始研究布料，而公司的布料部門會從另一個角度著手，努力開發環境傷害較少的布料，例如麻、有機棉、回收聚酯纖維和尼龍等，然後我們再將這些布料運用在產品上。

從滿足功能需求為基礎進行設計，可以讓設計過程有重心依循，而且最後可以製作出傑出的成品。如果產品沒有重大的功能需求，即使最後做出來看起來很好，但是我們會很難找到把它加入產品線的好理由，例如「誰需要這件衣服？」

產品必須是多功能的

如果一件裝備就可以完成兩種功能，那何必買兩件裝備？我們要盡可能製作擁有最多功能的產品，因為我們本身就是登山客，我們需要把裝備都扛在背上帶到山頂，而不是放在休旅車的後車廂裡。在山中，盡量少帶一些裝備是許多戶外活動愛好者依循的精神準則，也是實際的考量。約翰・穆爾喜歡把他的「補給品」減少到只有一個錫杯、一條耐放的麵包和一件大衣。現在，這種理念也成為一種環保考量，我們擁有的一切物品，在製作、銷售、運送、保存、清潔，到最終被丟棄的過程中，每一階段都會造成某些環境傷害，這些傷害可能是我們自己直接造成的，也可能是我們間接造成的。

不管身為製造商還是消費者，當我們想要購買某樣東西時，都需要更充分的購買理由，我們要自問：「這非買不可嗎？我真的需要一件新瑜伽

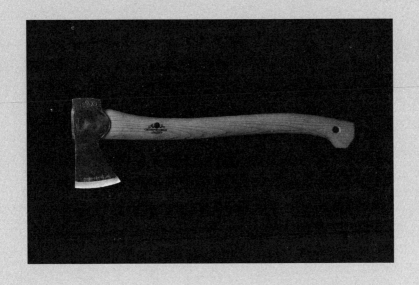

　　由瑞典公司 Gränsfors Bruks AB 製作的斧頭是我最喜愛的工具之一，該公司從 1902 年起就在生產斧頭了。本文來自該公司型錄的前頁。

對整體環境的責任

撰文／瑞典百年製斧工廠
（Gränsfors Bruks AB）

　　我們取得的東西、我們生產的方式、我們製造的產品，以及我們浪費的東西，其實全都跟道德有關。我們對全體事物的責任是無止盡的。雖然我們試圖負起這個責任，卻不常成功。這些責任的其中一部分就是要管理產品的品質、產品的壽命。

　　生產高品質的產品，就是對顧客與產品使用者展現尊重與責任感。高品質的產品在了解使用方法、懂得如何照料產品的人手中，就能擁有更長的壽命。這對產品的擁有人，也就是使用者來說是一椿好事，從身為更大群體中的一份子來看，生產高品質的產品也是件好事，因為更長的產品壽命代表我們可以使用更少的消耗品（減少耗費材料與能源），我們需要製作的東西也會更少（讓我們有更多時間做其他重要或有趣的事），造成的破壞也就更少（減少浪費）。

服嗎？我可以用已有的東西來替代嗎？這物品的功能不只一種嗎？」

我們以前會製作小型攀岩背包，背包和背部接觸的部分有一片薄泡棉墊，背起來會更舒適，而且那片墊子是可拆卸的，所以你可以在寒冷的野營地中卸下墊子鋪坐在地上。某年秋天在堤頓時，我的攀岩夥伴摔斷了手臂，我就利用那片泡棉和幾條附加的綁帶製作出完美的夾板。

你知道的越多，需要的就越少。有經驗的毛鉤釣客只需帶一根釣竿、一種毛鉤和一種釣魚線，但是他釣到的魚總是會超過帶了整套裝備和毛鉤的傻瓜。我絕不會忘記梭羅的建言：「提防那些需要國王的新衣的企業……」

有時，為某種運動設計的產品，可能會出乎意料地適合用在另一項運動上，比如我們製作的攀岩夾克最後有極大比例是用在滑雪山坡上，而不是花崗岩壁，我們努力將這種例外情況記在心中。最佳產品必須是多功能的，不管你用哪種方式行銷都一樣。如果你買來滑雪的登山夾克，也可以在巴黎或紐約發生暴風雪時穿在西裝外，那我們就幫你省下買兩件夾克的麻煩，特別是其中一件在一年當中會有九個月都收在衣櫃中。我的理念是買少一點、買好一點；樣式製作得簡單一點、設計得好一點。

此外，我們也為一些小眾運動製作專用產品，例如攀岩和滑雪（夾克）、毛鉤釣魚（背心、夾克、長統靴、靴子）、衝浪（短褲、衝浪板、潛水服）。我們製作這類服飾的原因有兩點，第一，我們希望可以為公司經營的各種運動類型，提供從帽子到襪子的全套裝備，這是我們維繫顧客關係的一種方式。第二則是為了打造信譽，我們希望滑雪者或毛鉤釣客能將公司視為值得尊敬的裝備製造商，所以我們會製作需要尖端技術的產品，比如最佳的滑雪夾克和釣魚背心，以表示我們很清楚自己在做什麼。

產品最好能用一輩子

生產耐用的產品也是我們一開始製作登山裝備的理念，登山裝備必須能承受長期的重度使用，這點成為我們的環保理念之一。產品的整體壽命等於產品最脆弱的部分的壽命，所以設計的最終目標應該是讓產品的所有配件能幾乎在同一時間損壞，而且此時該產品也已經使用了很長的時間。

右頁圖　奧斯汀‧西亞達克（Austin Siadak）正在修理他最愛的 R1 連帽運動衫。攝於猶他州印度小溪（Indian Creek）攀岩聖地。© Austin Siadak Collection

修理才是根本之道

撰文／蘿絲・馬卡瑞歐（Rose Marcario），
巴塔哥尼亞執行長

身為消費者，我們能為地球做的最好的事，就是讓物品的使用壽命更長久。以適當的保養和修護來延長衣物壽命是很簡單的手續，可以減少未來購買更多產品的需求，避免製造新產品也能避免排放二氧化碳、產出廢棄物，以及使用水。

為何修理是根本之道？修理我們原本可能要丟棄的東西，想起來似乎不可思議，卻能產生極大的影響力。身為服飾公司的執行長，我得說即使我們公司竭盡全力以負責任的方式製造產品，但我們向地球汲取的資源，仍超出了地球回饋給我們的分量。

現今我們的文化以更換為主流。雖然我們通常確實會修理汽車、洗衣機等高價物品，但在大多數情況下，買新的會更容易也更便宜。此外，還有其他原因讓我們逃避修理，例如標籤上警告若自行修理產品，就會使保固無效，或是顧客缺乏修理產品的管道，無法取得自行修理物品時必須的資訊和零件等。

這造就了一個充滿產品「消費者」的社會，而不是充滿產品「主人」的社會，消費者與主人是不同。主人能為自己的購物行為負責，並適當地清潔、修理、重複使用，與分享；而消費者則是拿、用、丟，然後重複這個循環，這種模式也導致我們步向生態破產。

我必須先聲明，購買本身不是問題（但是在規模最大的血拚季節裡，我們的瘋狂舉動已經很明顯地太過頭了），畢竟我們的生活必須依賴眾多不同的產品。然而，這些產品的製造方式都會傷害地球，包括巴塔哥尼亞製造的產品在內，無論我們多麼努力地減少自己造成的衝擊，消費者的購物習慣似乎短時間內都不會消失。

這種情況有什麼解藥嗎？如果想減少我們的集體消費足跡，我們需要製造產品的公司與購買產品的消費者共同負責，但是企業必須採取獨立的行動。

多年來在巴塔哥尼亞，我們會向負責任的廠商購進布料，製造出高品質且可以修補的服飾，而且給予終身保固。我們公司於雷諾的衣服修補工廠在 2015 年修理了超過 4 萬件個別產品，我們也訓練零售店員工處理簡單的修補作業（總計超過數千件）。我們與 iFIxit 合作，在網站上為巴塔哥尼亞產品推出了超過 40 份修理指南。我們付出極大心力，讓顧客有機會自行修理其配備、為配備找到新家，或在必要時能回收配備。

我們請顧客使用我們提供的工具，並透過只購買自己需要的產品、修理自己擁有的物品、找出重複使用的方式，以及在必要時回收產品，來減少消費品未來對環境造成的衝擊。

　　但這些想法都與現今潮流相去甚遠。雖然如理光（RICOH）、得偉（DEWALT）、卡特比勒（Caterpillar）與聯想等公司，皆已將修理與再製造做為業務模型的主要概念，但大多數公司製造的產品卻是會損壞的便宜貨，最後都必須更換。在這種情況中，顧客變得只會尋找最優惠的購買價格，導致這種循環持續不斷地進行。

　　而且很多時候產品都不會附有相關的修理說明，最誇張的是甚至有公司發明出新類型的專利螺絲，與其他莫名其妙的玩意，主動妨礙大家修理產品。面對今日的環境危機，這類舉動應該是無法接受的，然而故意設計不耐用產品的策略性計畫，卻被讚賞為聰明的行銷方式。

　　氣候變遷的影響每年都愈發嚴重，因此我們每個人都必須徹底改變目前過度消費的模式。讓我們的一舉一動像個主人，而不只是消費者，同時應該自己修理產品，而不是透過搾取地球來得到並非真正需要的新產品。

　　修理衣物是很根本的概念，只要一根針和一條線，我們就能開始創造不同。

你可能會注意到如 Levi's 或 Wrangler 牛仔褲這類優良產品，在你發現膝蓋布料破洞的同時，褲子後臀或口袋裡也破了一個洞。相反的，產品零件的耗損時間差距最大的例子，就是電子產品，因為當其中一個零件壞掉時，整個機器幾乎就得丟棄；另外還有昂貴的游泳褲，泳褲腰間的鬆緊帶會因為游泳池中的氯失去彈性，可是褲子的其他部分看來卻依然跟新的一樣。這些泳褲和電子產品從技術層面來說，都是可以修復的，但是因為修理成本跟原先購買的價格相比之下太不划算了，所以壞掉的產品常常就變成垃圾。

有人曾經說過，窮人買不起便宜貨。你可以購買一台便宜的果汁機，但在你第一次試圖打碎冰塊時它就壞掉了；或者，你也可以等待一段時間，直到自己能買下品質優良又耐用的果汁機。諷刺的是，你等待的時間越長，可能你所需的花費反而越少；到了我這個年紀，只購買「可以用一輩子」的產品就更簡單了。

為了要讓巴塔哥尼亞產品的所有零件都擁有相近的耐用度，我們會持續在實驗室與野外測試。當測試到某個零件損壞時，我們會強化那個部分，然後看接下來損壞的是哪裡，並再加強……就這樣一直循環下去，直到我們可以有信心地說該產品的整體耐用度皆一致為止。

所有產品都可以送回原廠修補

不管我們的衣服再怎麼耐用，永遠都會有修補的需求，因為衣服可能就被營火中竄出的火星燒出一個洞，也可能在進行裂縫攀岩時磨傷膝部，或是拉鍊壞掉（這是產品最常發生的損壞原因）。因此，我們設計的所有東西都必須是可修補的，比如拉鍊應該要縫進衣服裡面，這樣才容易更換，修理時就無須拆開整件外套。

我們在雷諾（Reno）的倉庫有全北美最大的衣服維修工廠，裡面有所有曾經使用過的衣料和剪裁的檔案。部分較大型的直營門市也提供簡易的維修服務。我們也會錄製影片教導消費者自行修補衣物，希望消費者可以更容易地盡可能延長衣服的壽命。

產品尺寸的設計學問

沒有在服裝產業工作的人應該要感到慶幸，因為你毋須煩惱該怎麼制定服裝尺寸，以及該生產哪些尺寸的衣服。公司制定的服裝尺寸（也就是判斷「小號」或「中號」之類的標準），永遠都只能滿足部分顧客。即使你特別針對身材勻稱的人設計衣服，或是專門為不同於一般體型的人提供尺寸選擇，還是會有部分顧客感到沮喪而離開。巴塔哥尼亞為各種運動打造合適的衣服，顧客的身形和年齡也都各自不同。因此，我們以緊身、一般和寬鬆三種型號來標記尺寸。衝浪客和攀岩家希望自己能看起來年輕、苗條點，所以這類服裝的設計比較多是緊身款。捕魚和狩獵的人則比較喜歡寬鬆的款式，他們希望自己看起來成熟、壯碩些。

此外，產品線的尺寸也應該統一。當某人穿某一種款式的中號襯衫時，他穿另一種款式也應該要挑中號。每件服裝應該在從貨架上拿下後就是合身的，無需經過清洗，而且衣服在壽命期間內都不會縮水。

功能性服飾還有其他的尺寸問題，這些問題都需要仔細思考透徹。比如這項產品是穿在其他衣物之外，還是直接貼身穿著？針對攀岩者設計的緊身服裝，可能會成為玩滑雪板或滑雪者的寬鬆服裝選擇。在這種情況下，攀岩者（也就是該產品的核心客戶）還是比較重要；當然，玩滑雪板的人或一般顧客若想穿攀岩服的話，可以自行判斷。另外，滑雪褲的長短如果不易調整的話，就必須有不同的長度以供選擇，某些受歡迎的款式我們甚至會提供 XXL 和超長號的尺寸。

落實極簡主義

簡化，簡化。—— 梭羅

說一次「簡化」就夠了。—— 愛默生回應

宮本廣春（Koshun Miyamoto）讚美其劍道老師的妻子所擺設的枯山水充滿美感，她在鋪滿碎石的見方庭園內，放了三塊從附近溪邊搬回的岩石，

呈現出「有力量，又能刺激靈感的空間與平衡感」。但劍道老師的妻子卻反駁說這個庭園還未完成，她必須要能以「一塊岩石取代三塊岩石，且依然呈現出相同的意境」，庭園才算是真正地完成。

　　功能導向的設計通常都是走極簡主義。或是像百靈設計總監迪特・拉姆斯（Dieter Rams）的主張：「好的設計就是最小限度的設計。」

　　複雜的設計通常代表設計師還沒有徹底解決功能需求。就拿 1960 年代法拉利和凱迪拉克的差異為例：法拉利的目標是高效能，它的簡潔線條正好能達成此目的；凱迪拉克則沒有功能方面的目標，它沒有適合自己強大馬力的轉向、懸吊、扭力、空力，或煞車系統。凱迪拉克的設計全是為了傳達車子的強大馬力和舒適性，要讓顧客覺得車子就像一個沿著高速公路平穩地開往高爾夫球場的客廳。它在一個本身就很難看的車形上，加上了各式各樣華而不實的鉻製裝飾，比如車後的擋泥板、車前的突起等等，而且這些設計根本派不上用場。一旦你失去可作為設計準則的功能考量，那產品的樣貌就會變得一塌糊塗。若你設計了一個怪物，它的外觀也會像隻怪物。

　　一件好的登山夾克看來不會像是裝飾著布料的 1960 年代凱迪拉克。我們用更堅固輕盈的布料省下了肩膀與手肘處的彈性補強布料，並使用更新、更透氣的布料，讓我們可以拿掉以前為了透氣而安置的笨重、難看的透氣拉鍊。另外，若衣服前面的拉鍊有足夠的防水能力，我們就可以捨去又重又占空間的防風條。

簡化產品線

　　很少人有時間、耐性，或知識，從中國餐館的 12 頁菜單中點菜，或是從滑雪用品店中看起來一模一樣的 50 雙滑雪屐中，選出一雙雪鞋。

　　現代人有太多需要選擇的事，必須不斷地做選擇已經讓大家感到厭倦，特別是那些需要花很大心力去做的智慧選擇，比如理解所有的透氣布料和防水布料之間有什麼差異。對大多數人來說，光是要分辨男裝和女裝就已經夠難了。因此，世界上最頂級的餐廳都有套餐，最棒的滑雪用品店也都幫客人決定好各種技術程度或預算的人，該使用哪種滑雪配備。達賴

喇嘛曾經說過，過多的選擇會帶來不快樂。

　　巴塔哥尼亞的首要重點是實用的功能，所以我們避開亂彈打鳥的設計。我們不會刻意抄襲競爭對手最流行的款式，然後做出 20 種功能相同的滑雪褲。然而，隨著時間的累積，我們的產品線還是會變得過於龐大，產品之間的差異也會變得太小。當發生這種情況時，我們就知道巴塔哥尼亞沒有依循自己的理念。

　　當我們做對每件事情時，每種滑雪褲都會有自己獨特的功能，每一種褲子（包含女用褲）都會有多種尺寸，同時供應足夠的色彩選擇。

　　不管我們因何種理由背離公司理念時，都會付出慘痛的代價。1991年秋天，我們供應了 25 種不同款式和顏色的男、女用法蘭絨襯衫。每種款式都製作了有限且相同的數量，讓顧客決定自己喜歡的款式，然後我們會馬上追加賣得最好的商品，失敗的產品則會折價出售。但我們忘記考量設計、生產、倉儲和歸類 125 個存貨單位時的成本，我們也沒有算式可以呈現製作各種襯衫樣式會加長多少工時。

　　如果光是多種顏色和圖案就可以耗盡利潤，那請試想製作各式各樣款式的結果。我們曾經研究出一個有趣的公式 —— 每當巴塔哥尼亞新增一項產品到產品線時（未撤除舊產品），就需要雇用 2.5 位新員工。

　　表現最佳的公司都僅精通小範圍的產品。最佳公司的產品所使用的零件，也比那些略遜色的對手們要少了 50％。較少的零件意味著更快、更簡單（而且通常也更便宜）的製作過程，而且雖然傑出公司雇用的品管人員較少，但是這些公司的瑕疵品和生產出的廢棄物也較少。

重視創新，而非發明

　　我死後如果下地獄，魔鬼會讓我去當可樂公司的行銷總監。我負責行銷的產品不但沒人需要、跟競爭產品一模一樣，而且也沒有任何優點能讓我去宣傳。我必須在可樂大戰中戰鬥，去競價、配銷、廣告和宣傳，對我來說這就是地獄。別忘了，我是個無法玩競爭遊戲的小孩，我寧可設計和銷售夠好、夠特別的商品，因為這樣就不會有競爭對手。

　　成功的發明需要投入大量的精力、時間和金錢。偉大的發明是非常難

得的，即使是最聰明的天才，一輩子也只能想出幾個可以銷售的發明。發明家可能需要 310 年才能想出一個點子，但是不到幾年或幾個月的時間，就會誕生從原創發明衍生出的上千種創新產品。創新的時間會比發明快上許多，因為你可以從現有的產品概念或設計著手。

某些公司以專利設計和專利權為根本，不過更成功的公司都是立基於創新。特別在流行服飾業更是如此，因為業界真的沒有時間進行慢步調的長期研究。比如巴塔哥尼亞並沒有發明刷毛布料，我們的點子是來自於我看到道格・湯普金斯穿著的 Fila 刷羊毛套頭衫，那件衣服雖然只能乾洗，對戶外運動來說顯然不實用，但是卻孕育了製作聚酯刷毛布料「辛奇拉」的構想，以及其他多種細織絨布。

我們的「起立短褲」設計，來自臀部加墊的英國燈芯絨短褲。銷售非常成功的海灘短褲，靈感則來自我在歐克斯納百貨公司看到的一條尼龍短褲。巴塔哥尼亞最後生產出的產品都有更佳的功能、更耐用，而且比之前的元祖產品更優良，特別是專門設計給戶外運動的服飾更是如此。就像充滿創意的廚師一樣，我們也把「原創發明」視為料理的靈感來源——食譜，然後我們會闔上書本，去做自己的作品。我們最後的設計就如同傑出廚師的融合料理一樣。

為全球各地市場量身打造產品

除非你的產品已經在全球各地銷售、使用，否則你無法得知自己製作的商品是否為全球最佳產品。即使銷售全球，也還是有其他的挑戰。

請想像兩家公司，「我家番茄」和「番茄達人」。這兩家公司都在全球銷售番茄，「我家番茄」在加州聖喬昆谷的大型企業農場中種植番茄，該公司的產品碩大結實，經過細心運送，在抵達外國港口後可以輕鬆以乙烯氣體催熟，再送到顧客手中。該公司產品的價格在世界各地都擁有絕佳的競爭優勢，因為他們有最先進的機器、雜交種子、化學藥品和成本會計師，外加高額度的公共水費補貼和出口補貼等等。

相較之下，「番茄達人」選擇在銷售地的鄉間種植番茄，所以賣給義大利的是李子番茄，賣給講究的法國人的則是在藤蔓上成熟的多汁番茄。

對我來說，「我家番茄」是一家做國際生意的美國公司；另一方面，「蕃茄達人」才是全球化公司，因為它了解根據特定市場量身訂做產品的重要性。

巴塔哥尼亞是加州公司，我們的企業文化、生活方式和設計品味都依然是純粹的加州風格。加州文化在某些方面給了我們幫助，因為加州是個大熔爐，不管是種族或文化都充滿了多樣性，試問美國還有什麼地方可以找到川味墨西哥捲餅？

但是，巴塔哥尼亞得要學會超越目前的局限來思考、設計和製作，我才能說我們是全球化公司。當我們能根據當地的喜好、對功能的需求，以及尺寸和顏色來修改設計時，我們才能算是全球化公司，而不只是做全球生意的公司。我們要更偏向在地生產，減少中央產出。更重要的是，全球化思想與行動可以拓展我們的心胸，讓我們接納能帶來無限可能的新想法，其中某些想法甚至還可以套用到國內市場。

請用環保的方式清潔衣物，謝絕乾洗、燙衣、烘乾機

當我們研究服裝在其生命週期中（也就是從布料製作、染色、縫製、配銷、顧客保養到丟棄）對環境帶來的衝擊時，我們很驚訝地發現帶來最大衝擊的元兇，竟然是清潔。我們發現服裝售後保養造成的傷害，會高達整個生產過程總和的四倍。

保養任何產品都是很麻煩的事，光是為了這個理由，低保養率就成為高品質產品的準則之一。在巴塔哥尼亞，我們沒有一個人喜歡燙衣服或是找乾洗店，所以我們推想顧客也一樣不喜歡。我們也有實用面向的理由，也就是顧客應該要可以在水槽或桶子裡清洗旅遊用的衣物，然後把衣服掛在小屋中晾乾，但在坐飛機回家時，衣服看起來還是夠體面。

不過，環保才是實施低保養率最重要的理由。熨燙衣物浪費電，用熱水洗衣也浪費能源，而乾洗則需使用有毒的化學藥品。用烘乾機烘乾衣物比日常穿著衣服時造成的磨損，還要更大幅地縮短衣物的壽命 —— 去看看烘衣機裡的棉絮濾網就知道了！此外，洗衣過程中消耗的能源所釋放出的溫室氣體數量，約占製衣過程的 25%。[1]

　右頁圖　莉茲・克拉克在大溪地的洗衣日。©Liz Clark Collection

消費者和好公民購買衣物時最負責任的方式，就是購買二手衣物。此外，要避免購買需要乾洗或熨燙的服裝，且用冷水洗衣，可以的話就晾乾，不要用烘衣機。上衣穿著超過一天後再清洗，旅遊時的服裝可考慮快乾衣物，而非百分之百的純棉衣物。

提供鐵打維修保證

蒙大拿州大學湯瑪士・包爾（Thomas M. Power）博士的研究顯示，美國人用來購買商品和服務的金錢中，只有 10～15％的開銷是用於維持生存。你不需要吃菲力牛排才會健康，你也不需要住在 4,000 平方英尺大的家中才能擋風遮雨，你更不需要一條 50 美元的衝浪短褲才能下水。人們把其他 85～90％的支出都用在改善品質上，他們會為了菲力牛排的附加價值而支付比漢堡肉更高的金錢，即使這兩種肉都可以滿足營養需求。

我們跟可樂大戰中混淆視聽的人不一樣，我們確實有為產品附加真正的價值。我們製作耐久、高品質的商品，在戶外可以充分發揮功能。我們設計的所有產品都是該類別中的頂尖商品，所有不符合標準的產品都會被打回設計階段，而且我們會仔細定義成為各類別最佳產品的條件，不會只是耍嘴皮子而已，比如耐久度和低環境衝擊都是條件之一，瞬間消逝的流行和奢華的幻象則不在其中。

我們也以尊重的態度面對顧客。美國的客服電話已經爛到無藥可救，這都要感謝業務配額、故意拖延等候時間，以及管理階層的漠不關心，所以我們不用費什麼力氣就可以輕易脫穎而出，這也可能是因為我們沒有把客服電話外包給印度新德里的服務中心。不過，我們還是有採取額外的努力。

我們有所謂的「鐵打保證」維修服務，也以此為榮，即使這要花費我們許多心血，例如某次有位顧客帶回一件穿了很久、很舊的褲子，她希望我們可以修補褲子，但這條褲子已經修不好了，所以我們決定丟棄它，這

鐵打保證

如果您收到某件產品時感到不滿意，或是不滿意某件產品的性能，那麼請把它退回原購買處或是巴塔哥尼亞，我們將為您維修、更換，或退款。由於穿著或撕扯造成的損壞，我們都將以合理價格替您維修。

是個錯誤的決定。顧客很不開心，她想拿回自己心愛的褲子，不管變成什麼形狀都無所謂。於是，我們提供給她另一條替代的褲子（改良後的新款），不需額外收費，可是她想要的是相同款式和相同顏色的褲子，要跟她送來給我們修的那條褲子一模一樣。她的要求當然沒有錯。所以，我們去資料庫裡找出打樣，然後想辦法找到一捲顏色正確的布料。經過一段時間之後，顧客終於拿回她的舊款褲子，但是現在是全新的了。

　　不是每次客服都需要投入如此大的成本，不過我們了解採取這些額外的步驟雖然麻煩，但是都有價值。我們公司的型錄顧客再次訂購巴塔哥尼亞商品的比例，每一季都遠遠超過郵購業的標準值。事實上，回購比例根本已經超出圖表範圍了。

　　就像那位不肯拋棄褲子的顧客一樣，我們產品的價值似乎會隨著時間成長，在東京還有店面專門販賣巴塔哥尼亞的古董服飾。

　　1998 年時，我前往參加東京澀谷的直營店開幕儀式，裡面大約有兩、三百位忠心顧客在享受飲料和壽司。突然之間，整個房間的人都安靜下來，只聽得到日本人表示驚訝或驚喜時，會發出的倒抽口氣的聲音。一位年輕人穿著一件古老的巴塔哥尼亞夾克華麗入場。整個房間的人都知道那

上圖　在攀爬完狄納里後，理吉威和我南下到阿拉斯加的荷馬慶祝，那是一個「奇特的微醺村莊，而且狂愛釣魚」，我們去那裡挖竹蟶。當這張照片刊登在公司型錄上後，我們收到羅伯特・蒙大維（Robert Mondavi）的來信，他認出我們當時喝的是他生產的酒。他沒有寄存信函給我們，而是感謝我們，同時邀請我們去酒莊進行一趟貴賓之旅。©Peter Hackett

是 1979 年的 Borglite 絨布外套，他肯定花了一大筆錢才買到這外套。

　　巴塔哥尼亞的商標在市場中很引人注意，而且也受到重視，但是我們不會把這點當成平庸設計的靠山。就算沒有商標，產品本身也應該要可以自己脫穎而出，而不只是靠商標來帶動。產品本身必須要有價值。巴塔哥尼亞的產品應該要能在遠處就因製作品質和對小細節的講究，而讓人一眼認出，禪師會說真正的巴塔哥尼亞產品是無需任何商標的。

講究實在

　　我曾經看過一個人身穿套頭運動衫，胸口寫著「實在」，就這麼一個詞。流行產業現在著迷於「實在」這概念，導致這個詞也成為泛泛且無意義的字。然而，我們的顧客還是希望我們製作出真正的好東西，像獵裝必須要能防血沾染、背後要有成排的打獵用口袋；工作褲必須是為真正的木匠、屋頂工人和泥水匠設計；攀岩的褲子也要能和繩索配合，布料要夠強韌，保護皮膚免於在進行裂縫攀岩時磨損，而且如果我們要販賣橄欖球衫，那橄欖球衫必須是真的可以穿去打橄欖球。

　　我們在 1975 年時犯下錯誤，當時我們把橄欖球衫外包給一家香港的流行服飾製造商生產。後來在 2002 年，我們又再度在橄欖球衫上犯錯，這次我們回收的橄欖球衫從各方面來說都很實在，比如橡膠鈕扣、厚重耐磨的編織布料，而且所有的地方都用強化縫線，只有一點例外，就是我們用流行的色彩條紋製作，所以賣不出去，因為那不是真正的橄欖球衫用色。我們最後終於在 2005 年製作出對的產品。

讓產品成為永恆的藝術

　　　「當我在思考一個問題時，我從來不曾把『美』納入考量，
　　　　　　只想著該如何解決問題。
　　　　結束思考後，如果最後得出的答案不美，
　　　　　　我就知道自己錯了。」
　　　　　　　　── 理查・柏克明斯特・富勒（Richard Buckminster Fuller）*

---
* 美國知名建築師、發明家及哲學家。

　　巴塔哥尼亞的服裝應該是漂亮的，而且應該成為藝術。流行只會發生在此刻，藝術卻是永恆的。事實上，流行總是在過時，因為那是在回應過去，流行或許會在某天再度重現，可是隔天絕對又會逝去。

　　當我把服裝視為藝術時，我會想到一位 80 歲老太太穿的納瓦約族印地安毛氈大衣。她把銀白髮絲往後梳成包頭，她或許富裕，或許貧窮。她或許是在 1950 年買下那件大衣，也或許那件大衣曾是她母親的衣物。這件大衣是真正的經典，而不是現代復刻版的傳統毛氈大衣。她可以把這件大衣給她的孫女，孫女能再穿 40 年，而且依然有型。這是無價之寶。

　　流行與藝術之間的差異，就像是你可以在舊衣店花一元買到 1950 年代的夏威夷衫，也可以花 3,000 元在古董夏威夷衫店中買到一件相同年代的襯衫。前者的色彩過於鮮豔，設計帶有「夏威夷感」；後者的對稱口袋和領子則具備高度美感，印花圖案有藝術氣息，再加上優質布料才會有的皺摺和良好觸感。前者是廢物，後者是藝術。這也像是插畫和藝術畫作之間的差別，當插畫家可以用更少的筆觸傳達相同感受時，他就成了藝術家。

不追逐流行

　　我們對品質有承諾，所以工作的進度非常緩慢，如同流行競賽中的烏龜。我們的設計和產品開發時程常常長達 18 個月，要在新潮流中參與競爭，這個時程實在嫌太長。我們很少購買現貨布料，也不購買現有的印花布，所以我們必須與藝術家和設計工作室合作，一起開發原創設計。在製作有機棉產品之初，我們必須從大捆棉花開始設計和製作，接著從布料實驗室到戶外的每個過程都必須進行測試。我們需要時間「做功課」，並向核心顧客、買家、零售店員展示潛在產品，看看產品是否賣得出去，或甚至該不該生產。每當我們試圖追上流行時，最後總是會落後半年或一年，而且還顯得我們很笨。我們認為購買、穿著二手衣服，並盡可能地延長衣服壽命才是負責任的做法。如果你用流行趨勢來衡量二手衣服的價值，那二手衣服絕對會被丟進垃圾場。

針對核心顧客設計產品

顧客在我們的眼中並不人人平等。我們的確比較偏袒某些顧客，那些人就是我們的核心顧客，也是我們設計服裝的實際對象。為了更清楚了解這一理念，我們可以把顧客假想為一系列的同心圓，圓的中心就是我們的目標客層。這些人大部分都是背個行囊就展開旅行的人，他們甚至連付錢買我們的服裝都有問題。兩個特殊的例子或許可以讓你更了解這些背個行囊就展開旅行的人。

奧德莉・蘇瑟蘭（Audrey Sutherland）是位神奇的夏威夷老太太，她這輩子都在進行長程充氣式獨木舟旅行，而且是獨自一人。她在阿拉斯加與加拿大卑詩省沿岸划過的距離超過 8,000 英里，其中有 7,700 英里都是獨自進行；另外在希臘群島、蘇格蘭和夏威夷的航程也有數千公里。關於這些單獨划舟的旅程，她表示：「你會變得更像是自然環境的一部分；你會有如一塊岩石、灌木，或一隻魚般的與環境溝通。你成了自然元素的一部分。」奧德莉的另一個建議是：「與其花錢買裝備，不如花錢買機票。」她在 80 多歲時，依然在北大西洋進行正式的航行。奧德莉在 2015 年去世了。

史提夫・豪斯（Steve House）是一位享譽國際的登山家，他的眾多成就之一，是與文斯・安德森（Vince Anderson）一起成為首次登上巴基斯坦南迦帕爾巴特峰（Nanga Parbat）魯泊爾岩壁（Rupal Face）的登山家。他寫了幾本書，最後一本提到攀爬高山前必須進行的訓練。

我們的攀岩、衝浪、釣魚和越野跑「大使」，還有專業人士採購計畫中的數百位專業人士，他們在自己的領域都是全球的佼佼者。他們是創新者，定義了該領域的最高成就。

右頁圖　去哪裡找更新鮮的魚？奧德莉・蘇瑟蘭在阿拉斯加。攝於 1995 年。
©Audrey Sutherland Collection

絕不產生不必要的環境傷害

如果要把衣服製程中對環境的傷害減到最低，我們必須了解從農場、紡織廠，到顧客間所有的作業流程。

1998 年春天我們把波士頓一座老舊的建築物改建為巴塔哥尼亞的門市，並在裡頭存放了非常多棉質的運動服。幾個禮拜後，門市的員工開始抱怨頭疼。我們關閉門市，請來一位化工人員，他發現我們新的空調系統只在重複循環著同樣的空氣，而且空氣裡含有甲醛。一般的商人可能會說：「別跟我講什麼甲醛，你只管修好空調系統就好。」但我們開始問一些問題，然後發現那些聲稱百分之百純棉的衣服，其實平均只含有73％的純棉花，其他則是參雜了像甲醛這樣的化學物質，讓衣服可防皺、防縮水。甲醛就是生物課裡用來保存青蛙或其他動物屍體的化學物質。它是有毒的，但美國食品藥物管理局卻從未訂立規範，而且事實上，美髮沙龍裡做直髮燙時就會用到。

我們對此非常震驚，我們發現自己經營公司的方式就像其他人一樣，只管進貨，卻從未質疑這些衣料是如何製成。自此，我們開始自問還做了那些壞事。

1991 年我們決定開始做符合正義的事情，在資遣了員工並重整公司後，我們委託一個獨立機構來評估市面上常用的衣服布料，如麻、亞麻、人造絲、棉花、聚酯纖維、尼龍和羊毛對環境的影響。

我們發現為了培育那些種植棉花的土壤，工人們會施灑有機磷酸酯以殺死土裡的微生物，有機磷酸酯會傷害人類的中樞神經系統。這些化學物質會使土壤喪失原有的生育能力，必須連續五年不灑農藥，蚯蚓才會再次出現，表示土壤已回復健康。這些土壤需要密集地施肥，而且棉花田肥料被雨水沖刷進海洋後，造成海洋死區不斷地擴大。棉花田占世界總耕地面積的 2.5％，使用農業中 15％的化學殺蟲劑及 10％的農藥，但只有 0.1％的農藥成功地殺死目標害蟲。[2] 人類和牲口的食物都會用到棉花籽和棉花油，但美國食品藥物監督管理局卻從未立下規範。[3]

大約 20 年前美國開始推行基因重組蘇力菌棉，它可以防治蛀食棉花

左頁圖　史提夫‧豪斯在冬季從北雙峰（North Twin）的北面率先攻頂，他也是第一個由此路線攻頂的人。攝於加拿大洛磯山脈。©Marko Prezelj

美國棉花主要使用的殺蟲劑

殺蟲劑的商業名稱	農業用途	造成立即毒害的程度	對身體的長期毒害	對哪些生物造成毒害
得滅克（Temik）	殺蟲劑，殺線蟲劑	高度	癌症；可能造成基因突變	魚類
陶斯松（Chlorpyrifos）	殺蟲劑	中等至高度	損害大腦及胎兒，導致陽痿和不孕	兩棲類，水棲昆蟲，蜜蜂，鳥類，甲殼類動物
氰乃淨（Cyanazine）	除草劑	中等至高度	導致先天缺陷，癌症	蜜蜂，鳥類，甲殼類動物，魚類
大克蟎（Dicofol）	除蟎劑且可殺蟲	中等至高度	癌症，腫瘤，傷害生育能力	水棲昆蟲，鳥類，魚類
益收生長素（Ethephon）	植物生長調節劑	中度	基因突變	鳥類，蜜蜂，甲殼類，魚類
可奪草（Fluometuron）	除草劑	未知	傷害血液和脾臟	蜜蜂，魚類
斯美地（Metam sodium）	除草劑，殺蟲劑，殺線蟲劑，殺菌劑	中等至高度	導致先天缺陷，損害胎兒，基因突變	鳥類，魚類
甲基巴拉松（Methyl Parathion）	殺蟲劑	極高度	導致先天缺陷，傷害胎兒、免疫系統、生殖系統，基因突變	鳥類，蜜蜂，甲殼類動物，魚類
甲基砷酸鈉（MSMA）	除草劑	中等至高度	腫瘤	蜜蜂，魚類
乃力松（Naled）	殺蟲劑，可除蝨	極高度	癌症，傷害生育能力；可能導致基因突變及腫瘤	兩棲類，水棲昆蟲，鳥類，蜜蜂，甲殼類動物，魚類
布飛松（Profenofos）	殺蟲劑，除蟎劑	高度	傷害視力，刺激皮膚	鳥類，蜜蜂，魚類
布滅淨（Prometryn）	除草劑	中等至高度	損害骨髓、腎臟、肝臟、睪丸	鳥類，蜜蜂，甲殼類動物，魚類，軟體動物
歐蟎多（Propargite）	除蟎劑	中等至高度	癌症，損害胎兒及視力，基因突變，腫瘤	鳥類，蜜蜂，甲殼類動物，魚類
氯酸鈉（Sodium chlorate）	脫葉，除草劑	低度	損害腎臟，急性變性血紅素症	鳥類，魚類
脫葉磷（Tribufos）	脫葉	中等至高度	癌症和腫瘤	鳥類，魚類
三福林（Trifluralin）	除草劑	低度至中度	癌症，損害胎兒；可能導致突變和畸形	兩棲類，水棲昆蟲，鳥類，蜜蜂，甲殼類動物，魚類

表格由巴塔哥尼亞提供

右頁圖　典型的工業化農田工人。© Michael Ableman

葉的棉鈴蟲，並大幅減少農藥的使用。中國在 21 世紀初大規模地種植蘇力菌棉，卻在幾季以後發現除了棉鈴蟲以外，其他害蟲都對蘇力菌免疫，故重新開始噴灑各式農藥。這種基因改造棉占目前世界工業種植棉花的 70％。[4]

2015 年我們和班與傑瑞（Ben & Jerry）冰淇淋工廠、堅石草原（Stonyfield）優格公司一起邀請美國各大企業簽署一份給總統的請願書，要求廠商必須自動標示基因改造商品。但沒有一家食品公司和服裝公司願意加入，因為他們全都使用基改原料，服裝公司購買的工業棉花也都是以基改棉花籽種成。

棉花田每年會排出 1.65 億噸的溫室氣體，傳統棉花田的氣味更是難聞，那些化學物質會讓你的眼睛和胃部極度不適。加州這類不會結霜的地區在採收棉花前，會事先用農用飛機噴灑落葉劑巴拉刈，但只有一半的農藥可以準確地灑進棉花田，其他則會落到隔壁的田裡或河中。

這是不合理的。第二次世界大戰以前沒有人這樣種棉花，現在大部分農業用的化學物質其實是二戰中發明的神經毒氣。

幾個月後，我們去了加州的聖華金谷幾趟，在那裡的池塘聞到農藥硒臭味，並看見如月球表面般貧瘠的棉花田。那時我們提了一個相當重要的問題：巴塔哥尼亞怎能再繼續生產這些消耗地球的產品？在我們開始尋找其他的棉料來源時，一些德州和加州的家庭農場提供了有機的棉花，我們拿這些有機棉試做短袖運動衫。

我們在 1994 年的秋天決定，兩年後所有巴塔哥尼亞的棉質運動衫都要用 100％的有機棉，在這之前，我們只有 18 個月可以更換 66 項產品的原料，搭製生產線的時間甚至少於一年。我們必須直接向使用有機農法種植棉花的農夫購買棉花，因為經紀人那裡無法提供足夠的棉量。接著我們去找認證機構，追蹤所有衣料纖維的來源，然後還得說服紡織廠在製程前、製程後都要清洗紡織機，即使紡織的棉量非常少。紡織廠很不喜歡有機棉，因為裡面會夾雜很多的葉子、枯枝和蚜蟲，使得棉花黏乎乎的，但我們在泰國的合作夥伴非常有創意，他們會在紡織前冷凍有機棉，這樣就可以解決問題了。

右頁上圖　在加州中部的傳統棉花田裡噴灑農藥。© Zack Griffin
右頁下圖　有機棉花。© Matt Lusk

　　靠著我們想法開放且足智多謀的新夥伴，1996 年起巴塔哥尼亞所有的棉質衣料都是使用有機棉。

　　接下來，我們做了兩項決定，讓轉換至生產有機產品的過程更容易。首先，我們決定在使用已認證有機棉花的同時，暫時使用「過渡」棉花。過渡棉花的種植過程完全有機，但是實施有機種植的時間還不夠長，因此尚未得到官方認證。第二，我們決定銷售「使用有機棉製作的服裝」，而不是「有機服裝」。兩者的差異似乎很小，但我們不希望誤導消費者，因為我們在生產時還是會使用合成染料和傳統棉線。我們發現天然染料不但無法符合我們的品質標準，而且本身也有嚴重的環保問題。但幸好科技更進步了，現在我們正跟夥伴們尋找將有機染料應用於更大規模生產面的辦法。傳統棉線則是大量生產的商品，我們必須在一切還是未知數時，就向棉線製造廠訂購數量極為龐大的最低下單量。此外，由於我們還在學習、實驗新原料，所以我們在 1996 年的兩款產品中使用了少量甲醛樹脂，以減少縮水和皺摺。

　　我們又再一次陷入環保標準與品質標準的衝突。我們面對的現實是若現在回頭使用所有有毒化學物質，來讓布料成品不會縮水、起皺摺，這麼做顯然不合常理。多年來其他廠商在布料中使用這些化學藥物的兩項合理理由，就是要讓衣服不會縮水，或產生皺摺。

　　最後我們解決化學藥品問題的方式，是從產品製程的開始就注重品質，而不是事後再加入合成原料。在某些產品裡，我們需要使用品質更好、纖維更長的棉花，並讓紡紗和布料預先縮水。

　　我們在改用有機棉時，發現自己對棉花的加工和製作方式並不是那麼了解。例如，過去當我們想要某些褲子的布料時，就會打電話給業務人員，他會帶一本布料樣本給我們，我們只需要瀏覽樣本、做出選擇就好。但是，現在我們卻必須從一捆捆的生棉花開始，然後像獵犬一樣一路追蹤製作過程，直到產品完成之際。

　　改用有機棉的同時，行銷與業務團隊也對 1996 年春季的有機棉產品設下了三項目標：成功銷售這系列的產品、影響其他服裝公司採用有機棉，以及鼓勵增加種植有機棉。後兩者顯然受到第一項「成功銷售產品」的左

右。我們打破公司過往的政策，雇用了一位外部顧問，他肯定我們的信念，那就是消費者購買我們產品的最大理由就是品質好，品牌名稱和價格則是次要的，關注環保對消費者而言更是最不重要的部分。顧問也發現顧客可以接受小幅上升的零售價格，因此我們降低了大多數產品的利潤，只把零售價格調漲至比傳統棉花製品的售價高二到十美元。無法達到這項目標的產品，就僅在我們自己的直營門市和郵購通路銷售，以壓低價格。

　　我們的有機棉計畫成功了，這不只是因為顧客跟我們做出了一樣的選擇，即花更多錢購買有機產品，而不是付錢購買看不見的未來環境成本。而且，也因為現在我們設計師和生產人員的工作，必須從一捆生棉花開始，然後一路跟隨製程到衣物完成為止，所以他們必須學習如何製作衣服。額外的努力轉變為精心構思的產品，因此銷售成果也很好。大部分人購買產品的理由並不是因為它是天然的產品，但這也是一個很重要的「附加價值」。

放牧於巴塔哥尼亞地區的綿羊。©Tim Davis

羊毛在製程中會產生的汙染，以及我們的改善辦法

　　麻和亞麻算是天然纖維中最無害於環境的布料，羊毛對環境的傷害則根據羊隻的飼牧地和布料的製程有極大的不同。即使棉花在生長過程中沒有使用化學農藥，它還是耗費了許多水資源和土壤養分；而人造纖維中的人造絲雖然是以紙漿為原料，但製程中需要用到多種有毒的化學物質。竹纖維其實就是人造絲。聚酯纖維和尼龍 6（聚己內醯胺）的原料是石油，但兩者都可回收，這是它們的優點，而且再生聚酯纖維的能源消耗量僅占純聚酯纖維的 25％。[5]

　　讓我們用羊毛作例子。羊毛可以造成很大的環境傷害，也可以十分有益於環境，這都要看綿羊的放牧地是在脆弱的沙漠區域，還是高山草原，或者是在雨水充足、野生牧草豐富、沒有肉食動物的地區放牧。羊毛在每個生產階段都需要依賴化學藥物，首先綿羊會被泡在殺蟲劑中，以殺死寄生蟲，羊毛則會以石油原料製成的清潔劑洗淨，紡好的紗會用氯漂白，然後再以重金屬染料染色。工人們暴露在用來浸泡棉羊的化學藥品中時，神經系統可能會受到傷害。另外，有一種替代羊毛的合成纖維 —— 奧龍，奧龍是以石油製作而成，所以是無法永續使用的材料。因此，比起使用合成纖維替代品，似乎任何一種羊毛都是更加自然、永續的選擇。但是，如果你想要用羊毛來取代一家奧龍工廠的生產量，那就需要把緬因州到密西西比河的每一吋土地都用來專門養育綿羊。事實上，以我們現在的消費速度，我們再也無法用自然纖維為世界製作衣服了。任何試圖在 70 億人口的地球上達到永續的舉動，都注定會失敗。但是比起關門大吉、埋葬車子、變成隱士，我們其實可以努力朝永續邁進，雖然知道自己仍不斷遠離顛峰。

　　我們目前正和美國自然保育協會以及阿根廷環保公司 Ovis 21 合作，後者致力於經營羊毛的製造商網絡，以徹底改善巴塔哥尼亞地區 150 年來，1,500 萬英畝草原過度放牧的情形。我們推廣一種更永續的羊群放牧方式，讓羊群在吃草和遷徙的同時可以幫助固實土壤、傳遞草的種子、深化草根，以及改善草原沙漠化。在後續的羊毛製程中，我們也拒絕使用氯、戴奧辛，以及其他刺激且有毒的化學物質。

右頁圖　這裡沒有基因改造或專利種子！他們正在從麻稈上搖下種子，好在下一季播種。
攝於中國陝西省。©Jill Vlahos

如何種下一件衣服

撰文／吉兒・杜曼（Jill Dumain）

車子爬上了中國陝西省的山路，我們已經沿著蜿蜒的山路前進了數個小時。我來這裡是為了看麻類的種植地。種植麻類是很複雜又難以了解的事，親眼看見才比較容易了解。

在這條漫長孤單的道路盡頭，我以為自己只會看到一位農夫和一塊農田，但我卻驚訝地看到一整個村莊都在忙上忙下。大部分農田都已經在三星期前收割，只留下了一小塊未收割的農地，等待著我的到來。這塊中國的偏遠地區正經歷一場乾旱，所以今年的麻長得不高。這裡是依靠雨水來種植麻，沒有人工灌溉，也不使用化學藥品。他們向來都是這樣種麻，肥料來自野放在田野間的雞隻和牛群的恩賜，而且這些農夫們都不需要除草劑或殺蟲劑。

大部分的村民都忙著把麻處理好，準備送到幫我們編織布料的紡織廠。一捆捆的麻立在田野間風乾。他們從麻桿上取下種子，接著把麻桿拿到河邊浸泡，以取得纖維（這個步驟可以鬆脫木漿上的纖維）。我看著一位老人家，他顯然已經浸泡過麻桿很多年了，他小心翼翼地找出一塊地方，讓水可以輕易流過麻桿，但是又不會深到讓大家無法及時離開河水。今年河的水位很低，所以他花了很長時間才找到合適地點。當季稍晚，在取完纖維後，他們會從麻桿上分離這些牢固的纖維，然後送到紡織廠。

我著迷地看著這一切，整個村莊都在為了製作我今天穿的衣服而工作，一切就從一顆種子開始。

著手改善有毒染料的使用問題

　　如果我們使用有機棉、找負責的農場、生產羊毛，但卻用有毒的染料染衣，這是很不合理的。每種纖維使用的化學染料都不同，有些染料有毒，有些沒有，然而沒有染衣廠會告訴你真相，除非他們被迫說出真相。所以我們必須自己去挖掘真相，確定合作的染衣廠沒有使用有毒染料，沒有汙染當地的水源。

　　在巴塔哥尼亞，我們問更多的問題，例如：我們用來染尼龍的那些五顏六色的染料有毒嗎？在找出這些有毒染料之後，我們就改用德國生產、毒性較低的染料，但是橘色染料的毒性依然偏高，因此我們不再生產橘色服裝。對一家習慣從業務員的樣本中訂購預染布料的公司來說，染料毒性的這個問題會提高生產作業的複雜度，因此我們思考的方式也會改變。大部分的公司不會想製造這類「不必要」的問題。

　　聚氯乙烯是有毒的致癌塑膠，在社會各個角落都可以看到它的蹤跡。耐用的乙烯行李袋外層可以看到聚氯乙烯，T恤印花的塑化劑中也有它。我們花了很多年的時間削減公司的聚氯乙烯使用量，找出了排除所有產品使用聚氯乙烯的方法，唯一的例外是蓮花設計公司的救生衣泡棉，還有某些T恤上的印花，不過我們仍在積極努力解決中。

　　銻則是一種用來製作聚酯纖維樹脂的有毒重金屬。沒錯，我們製作辛奇拉刷毛布料的塑膠保特瓶中就含有銻，根據建築師兼設計師威廉・麥唐諾的說法，可樂是釋放銻的最佳催化劑。我們現在正努力改用無銻的聚酯纖維，但是你可以想像得到，要讓整個塑膠化學產業改變是很不容易的事。

　　本質上，合成橡膠是製作潛水衣材料中最傷害環境的原料。因此，我們和尤萊克斯公司（Yulex Corporation）合作，利用美國南部沙漠中的一種矮樹 ── 銀膠菊，製作出可被生物分解的潛水衣，這種從植物中提煉出的天然橡膠可以減少服裝的生態足跡，卻不會損失衣服原有的保暖、延展，以及耐用等功能。

結語

　　這裡我只討論了一部分巴塔哥尼亞過去提出的問題和一些製作更多負責任的衣服時付出的努力，我們公司內部的環境理念清單上還列了很多該做的事情。

　　巴塔哥尼亞會負起產品從出產到再生的一切責任，我們鼓勵顧客把褲子送回來維修，如果無法修理，我們保證會回收它們，製作成另一件產品。所以，如果我們不想看到所有的褲子在短時間內全被送回來，最聰明的做法就是盡可能做出最耐用的褲子。

上　圖　割膠需要一雙有技巧、訓練良好的雙手。割的時候角度跟深度都要正確，如果割得太深，橡膠樹會受傷，且容易腐爛。©Tim Davis

右頁上圖　瓜地馬拉高地上的開墾農地。我們新的天然橡膠潛水衣即出自此橡膠種植園。©Tim Davis

右頁下圖　雷蒙・納瓦羅在智利彭德羅伯士（Punta Lobos）享受美好的一天。©Rodrigo Farias Moreno

<u>上 圖</u>　我們的測試部門主管沃克・佛格森幫雷蒙・納瓦羅穿上量身訂製的充氣救生衣。
　　　　©Sabastian Muller
<u>右頁圖</u>　我第一次看到「礁行者」是在夏威夷的商店裡。我認為這種鞋正好適合所有類型的
　　　　水上運動。但是很奇怪，公司裡沒有一個人對這種鞋感興趣，克莉絲・麥迪維特更
　　　　在辦公室天花板的橫樑上用永久墨水寫上：「我的老闆命令我訂製兩萬雙礁行者。」
　　　　然後叫我簽名！幾年之後，我在夏威夷莫洛凱島北邊進行海洋獨木舟之旅，結果在
　　　　爬岩石時跌倒，把手肘摔成三塊，需要找人來救援。當時我就穿著礁行者。

　　　　©Rell Sunn

上　圖　布列塔妮‧格里菲斯領導修納攀岩 A 路線，2015 年攝於南韓仁壽峰。
　　　©Andrew Burr
下　圖　喬治‧迪亞多納於西藏希夏邦馬峰（Shishapangma）。©Didier Givois
右頁圖　史帝芬‧漢森（左）與巴塔哥尼亞的攀岩大使尚‧維拉紐瓦‧奧德里斯柯爾在攀岩
　　　段上補充能量，他們將這條新路線命名為「亞披索瓦」（Apichavai）。攝於委內瑞
　　　拉提布伊山（Tepui）。©Jean-Louis Wertz

Production
Philosophy
生產製造理念

幾百年來,愛爾蘭的婦女都會親手為出外航海的丈夫編織毛衣。
這些用麻花縫腳縫製的厚重羊毛衫,可以抵擋惡劣天候。
每位女性都會用容易辨識的家族圖樣織法來縫製衣服,
這不僅代表了她們的愛與驕傲,還是因為假如丈夫不幸在海上
失蹤,屍體沖上岸時能作為辨認的依據。

—— 不知名作者

　　比起在俯視大海的懸崖小屋中,依靠燈光親手編織毛衣的婦女,巴塔哥尼亞生產出的毛衣數量當然高出許多。但是她們有一項遠勝過我們的優勢,就是擁有可以決定毛衣品質的雙眼和雙手。巴塔哥尼亞的挑戰與其他認真製作最佳產品的公司一樣,就是要以工業規模重現手工編織者在品質上的投入,並在心中惦記著成品應達成的每項要求,這項任務現在散布在全球各大洲的六家公司裡。

　　如果你決心要製作同類別中的最佳產品,那就不能把打樣、藍圖,或模型交給以最低價格得標的承包商,然後期盼他們製作出跟你心中想法接近的產品。當產品上面印有你的公司名稱時,或「容易辨識的家族圖樣織法」時,你就必須密切又有效率地與供應商及承包商合作,以完美重現那些圖樣。

　　我在忠實實踐公司的設計理念時,發現了以下幾項關鍵的生產原則。

商業是一場時間競賽

> 如果你老是等顧客告訴你該做些什麼，那就太遲了。
> 我的顧客以前跟我說他們不想要一輛福特 T 型車，
> 只要一頭跑得快一點的馬。
>
> —— 亨利・福特（Henry Ford）

商業就是一場看誰能率先推出新產品給顧客的競賽，在世界各地，毫不相關的人常常會同時想出某些發明和點子，似乎每個點子出現的時間都已經注定。

1971 年，修納戶外用品推出六角轉力向型攀岩岩楔。當時我們花了很多錢在壓模和工具上，因為這些岩楔有十種尺寸。幾個月後岩楔上市了，我們的朋友麥克・謝瑞克告訴我們一個新的設計點子，可以讓岩楔具備更多功能。之後的兩週內，又有另一位挪威的攀岩者寫信告訴我們一樣的點子。我們立刻拆掉所有機器，投資購買全新的壓模，在 1972 年推出全新的「多中心」六角型岩楔。諷刺的是，就在同一個月，某家與我們競爭的公司推出完全仿製舊型六角型岩楔的產品，但現在這些岩楔早已過時。

現在已經不需要做苦工了，只要用 3 D 印表機製作出樣品，並把設計好的晶片放到以電腦輔助的生產機器或車床中，就可以在數小時內生產出零件，不用花上數個月或數年之久。因此，搶先生產就可以帶來龐大的行銷優勢，這不只是因為沒有競爭對手，更是因為假如你是市場上的第二名，即使你的產品價格較低、品質較佳，通常還是無法勝過跑第一的優勢。這不是說我們應該要「追逐」潮流或產品，而是要投注更多心力去「發現」新布料或新製程。一樣的，關鍵字是「發現」，而不是「發明」。因為真的沒有時間去發明。

商業中最困難的挑戰之一，就是讓公司全體保持緊張感。如果你必須依賴外界的供應商，那這個挑戰會更困難，因為他們可能沒有這種緊張感。我總會聽到人們用蹩腳的理由解釋為何某些事不可能做到、或是為什麼沒有及時完成工作。以下是一些例子。

「我真希望可以幫得上忙，可是……」你聽過服務人員說過多少次這

句話，但你心中卻了解他們其實並不這麼想，只是懶得去做而已？「我也希望可以幫您把飯換成烤馬鈴薯，但是我們這裡不能更換菜色。」或者是「我真希望我們可以辦到，但是我們公司的保險條款不允許。」為什麼不能直接滿足顧客的期待？或者可以設計另一條保險條款，或者乾脆不要保險？如果耐不住熱，就不要進廚房了。

「我們無法取得更多布料（或是鋁，或其他隨便什麼東西）。」你可以用其他材料代替，試著去找另一家紡織廠，或是其他 50 家、100 家紡織廠，或試著去找國外的紡織廠。你也可以打電話給競爭對手，問他們是從哪裡買到布料的。

「我已經打過很多次電話，但是都打不通。」事實上你到底打過幾次電話？3 次還是 4 次？請試著打 20 次。或者你可以嘗試寄電子郵件、寄掛號郵件，更可以趁對方在家時，給他一通早上五點的電話，叫他起床。

「電腦搞砸了。」好險 50 年前人們不會說這種藉口！電腦不會搞砸，人才會搞砸。進到電腦裡的是垃圾，出去的也是垃圾。「所有電腦終端機都是連線的。」這可能是真的，不過或許工作可以用打字機完成，或是用一支普通鉛筆完成。

「我沒有時間」或「我一直很忙」，所以我沒有回信給你、回電給你、寫週報告、清理桌面等等。這是不誠實的藉口。他們沒有完成工作的真正原因，是因為該工作的優先順位最低，而且事實上他可能根本不會回電給你，因為他不想打。人們只會做自己想做的事。

最後一句，「不可能」。這是蹩腳藉口中最爛的一個！事情或許很難，或許不切實際，或許太昂貴，但是很少有事情是不可能的。

為了在競爭中領先，我們的點子必須盡可能接近使用需求的源頭。在專業運動產品部分，我們的「源頭」就是核心顧客——背包客們，因為他們會實際使用產品，找出哪些有用、哪些沒用、哪些部分又是必須的。

另一方面，業務代表、店長、店員和焦點團體通常都沒有遠見。他們只能告訴你現在發生什麼事，比如現在正在流行什麼？競爭對手在做什麼？還有賣得好的又是什麼？如果你想成為「可樂大戰」中的一份子，那他們就是很好的資訊來源，但如果你想製作領先群雄的產品，那這些資訊

就嫌太舊了。

　　一個新的構想或計畫可以透過很多不同的方法實踐。如果你選擇採取保守的科學途徑，只在腦中和紙上研究問題，直到確定這樣做不會失敗時，你已經花掉太多的時間，對手也早在市場上打敗你了。比較具有創業家精神的方式是立刻採取行動，如果效果不錯，就接著做下一步，如果反應不太好，就往回退一步。邊做邊學才是最快的方式。

設計師一定要和工程師密切合作

　　我還在經營打鐵鋪時，我把攀岩器材的修整工作和部分生產工作都發包給哈洛・萊弗勒（Harold Leffler）在波本克的機械工廠。萊弗勒是一位製圖師，也是一位工具與鋼模製造商，擁有 50 年的實作經驗。通常我們不是稱他為天才，就是叫他哈洛。萊弗勒非常擅長機械工藝，雖然他經營的只是一家小店，但還是會收到美國各地飛機公司的請求，邀請他加入招標案競標。

　　哈洛經常會取笑工程師們拿給他的藍圖，因為那些藍圖的設計過於誇張，所以生產成本會是必要成本的 10 ～ 20 倍，而且其中有很多藍圖根本都無法實現。雖然我從未受過工程訓練，不過我很清楚自己對鉤環或冰錐的功能需求，所以我會帶著簡單的素描或木刻模型，或是只帶著腦子裡的想法去找他，然後我們會一起合作想出可行的設計。即使在湯姆・弗斯特這位優秀的工程師兼製圖師成為我的合夥人後，我們還是會在各個設計階段去請教萊弗勒。

　　我與萊弗勒的關係，讓我了解設計師與最前線的生產者合作是很重要的。這一點可以應用在所有產品上，比如建築師與承包商如果可以在水泥車把水泥倒進地基前，先一起解決藍圖的實際執行問題，那麼建造房屋的過程就可以更順利、省錢地進行。一樣的，當防雨夾克的製造商能在一開始就了解產品需要達到的目標，設計師也了解產品需要經歷的製程，加上所有人都在工作崗位上團體合作時，就可以做出更好的防雨夾克。

　　麥可・卡米稱這種團隊合作為並行工程，並行工程的運作形式正好與生產線的製造方式相反。生產線每一階段的製程結束後，責任就會轉交給

下一個階段；而並行工程則是在設計階段的一開始就將所有參與者集合在一起。卡米博士指出，設計階段產生的成本約占產品總成本的10％，但是設計成本其中有90％都是必要投入。而設計階段結束後，繼續與設計師維持關係也很重要，因為大家都知道建築工人會在不了解建築師的意圖時，直接在現場做出變更；縫製服裝的承包商也會為了把縫合處的結構改成適合自己的工作習慣與慣用做法，而輕易犧牲了防雨夾克的性能。

與供應商和承包商發展長期合作關係

　　巴塔哥尼亞從未擁有布料紡織廠或是縫製工廠。當我們要製作滑雪夾克時，我們會向紡織廠買布料，然後向其他供應商買拉鍊和鑲邊等配件，接著再將縫製工作承包出去。這個過程中，我們要與眾多公司為同一個目標有效率地合作，而且不能犧牲產品品質，因此合作雙方需要的相互承諾程度，遠遠高過傳統的商業關係。相互承諾需要培養，也需要信任，這些都需要投入個人時間與精力。

　　因此，我們盡量在與最少家供應商合作的情況下，完成最多的生意。這種做法的缺點是必須冒險，必須極度依賴另一家公司的表現，但這正是我們希望身處的境況，因為這些公司也同樣地依賴我們。我們潛在的成功

天才哈洛・萊弗勒。攝於 1970 年代。© Tom Frost

機會是相互關連的。我們變得有如朋友、家人，也是商業合作夥伴（雙方都一樣的自私）；這種情況對彼此都好。

　　當然這類關係也要慎選。我們在尋找供應商或承包商時會注意的第一件事，就是他們的作業品質。如果該公司的標準原本就不高，不管價格有多吸引人，我們也不會欺騙自己，幻想他們會為我們提高標準。要一家承包商今天為沃爾瑪縫製短褲，明天則替巴塔哥尼亞生產產品，根本不合乎商業常識。若承包商想以盡可能低的成本來縫製產品，就不會雇用技術足以滿足我們需求的縫製工人，或許也不會歡迎我們監督他們的工作條件和環境標準。

　　另一方面，高品質的布料供應商和縫衣承包商常常認為我們是很有吸引力的商業夥伴。他們知道我們理解高品質的作工、技術優秀的員工，還有品質良好的工作條件的重要性，而且我們還會支付極佳的價格。他們從我們的名聲得知，我們將盡一切力量建立長期關係，並承諾採買布料，也會讓他們的縫衣生產線能以一定的速度工作。

　　當我們找到了十分契合的供應商或承包商時，公司與該供應商或承包商之間的溝通，必須有如我們公司內部部門一樣密切。我們的生產部門有責任注意紡織廠或最末端的生產線是否得知、了解巴塔哥尼亞的原則和每一產品的特定設計目標。我們的採購經理必須是徹底的巴塔哥尼亞推銷員，傳達我們對產品品質、環保與社會的關注；傳達我們的商業道德標準，甚至也要宣傳我們的戶外運動產品公司形象。

　　我將巴塔哥尼亞視為一個生態系統，公司的廠商和顧客都是系統的一部分。不管系統的哪部分出現問題，最後都會影響整體，因此所有人的優先責任就是保持整個有機體的健全。這也代表每個人無論階級高低、在公司的內或外，都可以對公司的健全、產品的完整性和價值做出重大貢獻。

　　你可以明顯看出，我們花了很多心力去挑選有健全員工關係的工廠。我們會監督可能合作的工廠，判斷他們管理員工的方式，並訪問員工，了解他們對工廠的觀感，而且我們會雇用公民團體，以確定該工廠的聘僱紀錄良好。但這樣做還不夠，有時候一家工廠雖然擁有很多優良的工作環境條件，卻缺乏了某些我們覺得理所當然、他們卻覺得很陌生的要素，這單

純是因為員工福利或管理工具對那個地區的工廠而言是全新的概念，或尚未為人熟知。在起步階段就與能夠配合、或願意滿足我們工作環境標準的工廠合作，是很重要的一件事，但是我們也承認，有時候合夥公司需要我們的幫助。身為採購商，我們對工廠有很大的影響力，特別對長年合作的工廠更是如此，因為我們已經在這些工廠中投資了大量的時間和精力，創造高品質的工作或生產技術。我們必須使用這些影響力與關係，來改善工作條件和產品品質，這麼做是為了整個環境生態好；對員工、工廠和我們都好。我們在這個過程中不斷進化，也持續地在學習。我們過去常常採取許多行動，比如監督新工廠，但是現在我們已經用新概念替代這些行動，例如訓練工廠的人資經理，讓他們獲得巴塔哥尼亞人資團隊所擁有的技巧。我們在這些過程中所做的事，跟公司其他經營面做的事一樣：尋求、借用，或偷學別人的點子。

我們是公平勞工協會的一員，也會與其他公司討論他們的工作方式，然後我們會要求合作的工廠和工廠員工告知我們他們最需要何種幫助。最重要的是，我們努力教育所有一起工作的人，讓他們跟我們有相同的思路——即整條供應鏈必須是正常運作、相互連結的系統。

將品質排在第一，而不是準時送貨或降低成本

所有公司的生產部門都有一項任務，就是要以合理成本準時送出高品質的產品。將這三項目標整合為互相配合，而非互相衝突的系統是管理階層的責任，但是當一家公司必須在三者中做出選擇時，又該怎麼辦呢？

巴塔哥尼亞會把品質放在第一，毫無疑義。較重視銷售量的公司可能會犧牲某一程度的品質，以達到及時出貨；而大量生產產品的公司可能會同時犧牲品質和及時出貨，好保持最低的成本。但是如果你決心要製作全世界最棒的產品，那你就不能容許布料在貨架上褪色、拉鍊不能用，或是鈕扣會掉下來這類情況。

當然，假如你選擇了品質，而不是準時送貨或是降低成本，也還是不能因此而稱讚自己，因為你會被衝昏頭。你必須持續勤奮地達成上述三項目標，但是品質「比較重要」。

去冒險，但要先做功課

有些人認為巴塔哥尼亞會成功，是因為我們願意冒險，但我認為這只有部分正確。他們不知道我們有事先做功課。幾年前，當我們把內衣布料的主原料從聚丙烯改為凱普林時，我們已經在布料實驗室做過測試。我們分別使用凱普林和聚丙烯製作了一樣數量的內衣和內褲，然後在野外進行廣泛的測試。我們了解市場，所以我們有強烈的自信更換布料是該做的正確選擇。

雖然我們鼓勵巴塔哥尼亞的所有員工要「異想天開」、勇於冒險，但是我們也不希望員工成為殉道者。你可以把殉道者當成受難者，或者視他們為在潮流中走得太前面的人。承擔風險的問題當然就是有風險存在！礁行者鞋沒有獲得利潤，但凱普林就有。若想降低風險，你可以先研究，而且最重要的是測試。產品測試是巴塔哥尼亞工業設計流程中的一環，而且設計流程中的所有步驟都需要進行測試。這包含了測試競爭對手的產品、簡單且粗略地測試新點子是否值得深入開發、測試布料、跟新產品一起「生活」以推測產品能多熱門、測試樣品的功能和耐用度，以及進行試銷，觀察人們是否會購買。

1968 年我開車前往巴塔哥尼亞山旅行時，中途停在哥倫比亞森林中的一條河旁，想享受點涼意。我用頭朝下的姿勢從橋上跳進咖啡色的水

上圖　馬丁・洛佩茲・阿巴德在巴塔哥尼亞厄爾查爾坦山，展示自己那件經過衣物維修計畫修整過的舊夾克。© Mikey Schaefer

裡，然後一頭撞上水面下 30 公分深的沙壩。我覺得有骨頭斷掉，然後完全昏迷過去，甚至有好一陣子都無法呼吸，直到我恢復意識為止。後來我發現自己的脖子受到壓迫性骨折。嗯，那真是非常危險又愚蠢的舉動。但其實我可以不受傷地安全跳進河中，只要我花時間學習如何從高處謹慎跳水，並且先用鉛錘測量打算跳水的地點，看看水到底夠不夠深。

我們來做個假設：珍·史密斯是運動服的產品經理，她認為每件海灘短褲有機會減少一元的成本，而且無須犧牲品質。所以生產部門決定把所有短褲從已經製作短褲多年、品質也合宜的工廠中撤出，轉移到在巴拿馬找到的新工廠裡。這似乎冒了很大的險，因為要把 15 萬條短褲都交給從未合作過的工廠生產是很愚蠢的，但事實上如果我們做好功課就不是如此。因此，我們派人南下查看那家工廠，觀察作業員有多優秀、工作條件如何，另外也檢查管理階層是否誠實、是否有正確的機器、確定該工廠了解我們的品質標準，而且在製作首批產品時，我們會派公司的品管員全程進駐該工廠。在這些條件之下，你認為值得冒險讓該產品增加 15 萬美元的利潤嗎？我會說值得。這也跟射箭禪一樣，你找出目標之後，就把那個目標忘掉，只專心在過程上。

謀慮而後動

讓我們來瞧瞧，看一顆鬆脫的鈕扣若由不同人發現時，會帶來怎樣不同的結果。假設當你的顧客從洗衣機裡拿出褲子時，鈕扣在她的手中掉落，那麼全公司和你的合作夥伴將面臨了最慘烈的下場，這位好不容易才迎來的顧客再也不會相信你們的品質了。

好一點的情況是在貨品送達港口時，你的品管檢查員在倉庫抽樣調查時發現鈕扣鬆落了。這樣就可以做進一步的檢查，把所有鈕扣鬆脫的褲子從箱子裡拿出，然後送到縫製廠裡，用正確的方式將鈕扣縫好之後，再移到某個集中地重新包裝和裝箱。

比上述更好的情況是在縫紉機前發現鈕扣鬆脫，你可以與承包商合作，要求所有操作員多縫一次線，因為他們使用的縫紉機無法恰當地固定縫線。生產線的動作會稍微緩慢一點，但是衝擊也比較小。

不過最好的情況顯然是在生產首批樣品時，就事先注意到縫紉機有問題。接著你有很多選擇，例如你可以幫承包商購買幾台經典款縫紉機，讓承包商用分期方式，一台一台地付款給你。

這正是我們在 1991 年最後採取的行動，但我們也經歷過上述所有其他的情況。這次痛苦的經驗教導我們假如一開始時就先採取額外的檢查步驟，讓製作過程正確運作，那麼比起在生產線的後續階段再去做檢查，我們可以省下更多錢。如果你承諾要做到最好，那在生產過程中的其他階段也要採取額外的檢查步驟，生產過程的一開始也是如此。

就像前述的例子一樣，如果你想要一次把事情做對，那麼只有詳盡的工程說明書是不夠的。你必須參與所有的過程，你需要確定供應商和承包商都擁有必要的知識和工具，可以讓工作成果合乎你的設計標準。假如你和工作夥伴都一樣下定決心要達成相同的標準，那要達到上述目標就不是什麼問題。

使用有公平貿易認證的產品

2014 年我們開始賣公平貿易服飾。我們和印度普拉特巴紡織公司（Pratibha Syntex）旗下的三家工廠合作，先小規模地生產 10 款女性運動衫，2015 年增至 33 款，到了 2016 年我們生產了 200 款公平貿易服裝。

美國公平貿易組織是北美洲公平貿易產品主要的第三方認證機構，這個非營利組織在 15 年前首次和拉丁美洲的咖啡農合作，幫助農民用公平價格交易咖啡豆。他們目前已經將計畫推廣至多種食品，包括身體護理產品、酒精和服飾上，巴塔哥尼亞使用得到他們認證的商品來生產公平貿易服飾，這些商品來自超過 800 個品牌，為勞工多賺了 1.55 億美元。

巴塔哥尼亞買公平貿易原料時會支付一筆社區發展津貼，指定應用在社會、經濟和環境發展計畫上。這筆錢會匯到農會和工會的帳戶中，由農夫和勞工決定要如何善加利用。例如棉花農可能會選擇花在改善雨水儲集系統，或是蓋學校和診所上；工廠勞工則可能會把錢投資在孩子的醫療保健服務，或買一台腳踏車方便上下班，或直接發放現金紅利。

所有幫助我們直接或間接製作公平貿易服飾的農場和工廠，都從這筆

基金獲益。巴塔哥尼亞會持續發展這項計畫，未來將有更多的工廠加入。

借用其他公司的好點子

世界一直在改變，所以我們不可能假設過去的做法一樣能適用於未來。我們為了改善商業流程，會不斷地評估一些重要的商業概念，從物料需求規畫、及時存貨制度，到自主管理團隊，只要我們覺得某些方法可能可以讓我們以合理的成本，準時地做出更佳的產品，我們就會進行評估。

所有公司在追求好的生產品質時，不能只局限於關注產品本身的品質，還必須關注公司如何規畫一系列的工作；如何尋求、借用，或偷學其他的公司與文化；如何處理現實問題和理想情況之間的落差。這些追求良好生產品質的動力，來自願意接納改變的態度，而非排斥改變。然而，我們不能只是毫無反省地做出改變，或是只考慮新做法的相對優點，而是要確信自己能在更細膩地觀察後，或許能找出更好的工作方式。

我們應該要借用、改良其他人的點子，即使點子來自最意想不到的地方。麥當勞和巴塔哥尼亞的形象和許多價值觀都天差地遠，但是有一點我很尊敬麥當勞，那就是沒有一位麥當勞員工會告訴顧客：「對不起，我們今天的捲心萵苣已經賣完了。」麥當勞的物流規畫很成功，他們每一天都可以及時送貨，這是我認為巴塔哥尼亞可以向麥當勞學習的地方。另外，我們也可以效仿麥當勞和他們的供應商之間的共生關係。

上圖　赫達拉瑪尼公司（Hirdaramani）的員工正在縫製布料，這些布有經過公平交易認證。
　　　於斯里蘭卡阿格勒瓦特。© Tim Davis

Distribution
Philosophy
通路銷售理念

　　任何一家規模與巴塔哥尼亞相當的服裝公司，如果產品線和營運方式不夠多樣化的話，他承擔的風險就會跟栽植單種作物的農業公司一樣，唯一差異只有作物的「疾病」不同。巴塔哥尼亞用批發的規模銷售商品給經銷商，並在全球經營直營門市、郵購和電子商務來銷售商品，這種多樣化的配銷方式一直都是我們很大的優勢。經濟衰退時，我們批發的銷售額會下降，但是直銷管道的表現依然良好，因為忠實客戶的產品需求並未降低。經濟衰退曾經打擊我們的競爭對手，使得他們的顧客都改買我們的產品；因為經濟衰退時，人們購物會更謹慎。這種情況下，大家會願意多花一點錢購買不會退流行、品質好又耐用的產品。

　　在日本、歐洲、亞洲、拉丁美洲和加拿大做生意，也讓我們能緩解某個地區經濟下滑的影響。比如當日本在 1990 年代發生泡沫經濟，經濟觸礁時，歐洲業務的表現依然良好。每種配銷管道都有自己的專門優勢，而且各個管道的需求常常和其他管道有衝突。比如郵購業務需要足夠的存貨，才能及時交付訂單，也需要熟知型錄購物，還要能深入分析郵寄型錄的表現；電子商務銷售則要持續更新網站；而直營門市則需要善加規畫商品陳列，還需要傑出的管理和店員訓練。傳統的批發大多只是單純的配銷業務，只需要把商品放到倉庫之後，再將貨物運送出去。

　　很少公司擁有試圖精通四種通路管理的信心，但是一旦你能掌握這四種通路，它們的和諧運作就可以帶來強大的威力。我們認為對巴塔哥尼亞與顧客關係來說，每一種通路都是不可或缺的。

郵購部門經營理念

　　我們一直都有經營郵購業務，1950 年代晚期也不例外，我當時只是

要把岩釘從我的鐵工廠郵寄給朋友，因為在冬天的幾個月中，他們無法在優勝美地、堤頓，或是加拿大落磯山等地直接從我的後車廂買到岩釘。當時的經常性費用很低，沒有中間人，而且大家都不會違背自己的承諾。通常我會在收到訂單後開始打造岩釘，而且交達率是百分之百。

郵購型錄向來都是我們的「肥皂箱」*，我們利用型錄將巴塔哥尼亞的相關理念與產品資訊，直接傳達給全球的家庭或是各家公司。郵購通路會積極地與我們的直營門市、經銷商和國際網絡等其他通路合作，支援公司開發、維繫忠心客戶。

我的郵購守則第一條，就是「銷售」公司理念與銷售產品一樣重要。型錄必須告訴顧客巴塔哥尼亞的歷史，教育顧客分層式穿搭、環保議題，或公司本身的理念，這些都和型錄銷售產品的使命一樣重要。這個守則將影響我們的實際作業，比如如何衡量型錄的經營成功與否、如何編排資訊，以及如何分配頁面的空間。型錄除了作為銷售工具，它的首要用途應該是作為形象宣傳文件，呈現公司的價值觀和使命。

郵購可以強化零售、線上和批發等銷售通路，這四種通路可以一起合作，共同服務顧客。型錄也能將教育訊息帶進顧客家中，它就像是直營門市或經銷商店面中親自服務顧客的店員一樣。

向郵購顧客寄出型錄代表顧客可以立刻取得型錄裡的產品。郵購應該要能立即滿足顧客的需求，如果郵購顧客面臨缺貨的情況，他們很快就會失去耐性，特別是在剛換季收到型錄時更是如此。郵購顧客覺得沒有理由買不到想要的產品，所以他們會改去其他公司購買可以立即送達的產品。一旦他們改去別家公司，我們就很難再重獲顧客對巴塔哥尼亞的信心。

巴塔哥尼亞郵購存貨的採買與當季管理都經過計算，在銷售季節中可達到 93 ～ 95% 的訂單交達率。這個比率是畢恩公司（L.L. Bean）及其他老牌郵購中心認為「理想」的比率。如果交達訂單的比率較理想比率低，就會損失更多的銷售額和顧客；如果試圖提高比率，存貨控管又會失去效率。事實上，如果想要達到 98% 的交達率，存貨量就需要加倍才行。

---

* 有「宣傳的平台」之意。

　右頁圖　我們在日本白馬村零售店中的朋友與家人。© Kate Rutherford Collection

日本生意經

撰文／伊方・修納

當我在 1964 年要從韓國回到美國，中途經過日本那一刻開始，我就對這個國家抱有很大的興趣。如同日本人會研究西方社會、改良西方文化和想法後，再善加利用一樣，我也會學習日本的文化和想法。日本是一個非常未來化的國家，他們適應和面對現代社會的方法，總是領先他人數年之久。研究日本讓我可以一窺所有社會的未來，也就是人口過多、資源有限且不斷減少，以及全球化的未來。

幾乎每本商業書籍或每所商學院，都會教導外國公司若想在日本做生意，就必須要找一家日本公司合作或合資。在配銷系統方面更是特別強調這一點，因為配銷牽涉到貿易公司、銀行和批發商，以及各種關係，這些都不會是外國公司想要自己應付的事。

我早在 1975 年之前就以修納戶外用品的身分在日本銷售商品，巴塔哥尼亞則是在 1981 年開始想要打入日本市場。我們用傳統的方式、透過不同的貿易公司和合夥關係進入日本市場，但是卻一事無成，因為一家進口一般運動用品（例如棒球帽或釣魚用具）的公司，幾乎不可能會去嘗試販賣岩釘和鉤環。

在某次合夥關係中，我們也試過販賣早期的登山背包，但是當對方把我的名字和商標放在低等級的日用背包產品線時，我們的合作關係就告吹了。後來，我們與另一家製造商兼經銷商合作，但是因為該公司跟我們擁有類似的服裝產品，所以他們主要是在關注、控制我們進口到日本市場的數量，免得需要跟我們競爭。

最後，在 1998 年，我們決定不管那些書的說法，用自己的方式進入日本市場。我們知道因為巴塔哥尼亞的服飾品質良好，所以日本市場會對我們的服飾有需求；也知道我們的價值觀與日本顧客的調性很合，所以我們就進入日本，成立完全自有的分公司。那是一家在日本以加州風格做生意的美國公司。我們雇用了身為背包客的日本攀岩者和泛舟者；我們雇用了日籍女性擔任管理職位，而且不會在她們懷孕時開除她們；我們也實施「員工可以隨時去衝浪」的彈性工時制度。當時日本 IBM 告訴我們，我們是唯一一家在日本自行營運的美國公司。

不過我發現，日本是全世界做生意最輕鬆的國家：他們的法律很直接、政府很重視商業、海關檢查員都很聰明公正。美國公司想打入日本市場時會出現問題，是因為美國公司都照著書本走，但是產品品質卻無法達到日本人的標準。

某次我在日本百貨公司時，看到一位年輕人在瀏覽襯衫。當他決定自己要的款式和尺寸之後，他就找遍了整疊中號的襯衫，觀察每件襯衫的縫線，直到他找到了做得最好的那件為止。他顯然覺得帶著存貨中品質最好的襯衫走出百貨公司，是很重要的一件事。

巴塔哥尼亞設定的品質標準可以滿足最挑剔的顧客，也就是日本顧客。如果美國的汽車公司了解這一點，那就可以在日本賣美國車了——當然他們要先把方向盤改到右邊。

物流的環境成本

撰文／伊方・修納

我們的環境評估計畫顯示「運輸」是產品的生命週期中，使用最多能源的環節。製作一件巴塔哥尼亞的襯衫（包含從取得原物料到將布料縫製成一件襯衫），總共需要約 11 萬 BTU 的能量。而將這件襯衫與其他 18 件襯衫一起打包後，用空運從芬特拉送到波士頓的過程，一件襯衫則需要 5 萬 BTU 的能量。我們持續地尋找辦法去減低生產過程中耗費的能源，以下有幾個方法能幫助我們極小化運輸過程的環境成本。

第一，我們應該盡可能在銷售地區當地生產產品。

第二，消費者不應該只為了方便，就以空運方式訂購產品，特別是從緬因運來一箱龍蝦，或是從加州運來新鮮沙拉。或許運輸該產品附加的成本相較下並不高，但是環境成本卻很龐大。

第三，現在已經可以明顯看出全球化經濟無法永續維持，因為全球化經濟完全依賴燃燒便宜的石化燃料。用鐵路或船運運送一噸重的貨物時，每運送一哩就需要 400BTU；用貨車運送一噸貨物需要超過 3,300BTU；而用空運運送一噸的貨物時，每一哩就需要 21,670BTU 的能量。

當用型錄或網路進行遠距離購物時，你應該重新考慮是否要訂購從緬因州來的活龍蝦，同時自問自己是否真的需要一條能隔夜送達，或藉由空運於隔天送達的褲子。

郵購（及零售）的使命就是要達到 100％的顧客滿意率，也就是提供顧客一切他想要的產品。如果郵購通路有產品缺貨，客服代表就可以利用公司的多角化經營模式，從其他管道進貨，再把產品送到顧客手中。零售經理和客服代表可以採取以下任一種或全部的方式：

1. 在任一家直營門市中找到產品，並將產品從門市寄送給顧客。

2. 在我們的存貨倉庫中找到商品。

3. 在經銷商的店面中找到商品，讓經銷商進行這筆交易，這樣就可以讓顧客和經銷商都開心。

顧客如果要購買商品，應該只需要打一通電話，就像巴塔哥尼亞的生產理念是要求供應商準時交貨一樣，巴塔哥尼亞也應該要準時把產品送到顧客手中，而「準時」就是顧客想要收到產品的「任何時候」。

我們的客服模式跟老式的五金行老闆一樣，五金行老闆了解自己的工具，也知道工具的用途。他的服務理念就是等待顧客找到工作所需的正確工具，不管要花多少時間都無所謂。而跟五金行老闆完全相反的，則是沒有使命必達的員工，就像下述信函中提到的案例一樣。這封信是我們公司的日本經理在 1989 年寄來的，他解釋因為一位員工搞砸了客服，讓他需要耗盡心力努力彌補客戶。

有一位女性向我們訂購型錄，支付了 600 日圓給我們，可是巴塔哥尼亞日本公司的員工在混亂的辦公桌和辦公室裡，弄丟了她的地址和電話。兩個星期後，那位女性的丈夫打電話給我們，他的怒氣有如火山爆發，完全拒絕接受員工的解釋。他想要直接與巴塔哥尼亞日本公司的負責人談判。他說：「你們騙人，居然收了錢卻不寄型錄來。嘿，你們是這樣做事的嗎？我要採取法律途徑，找公家機關幫忙，讓你們關門大吉。」因此，我決定搭火車從東京前往橫濱，親手把型錄交給他們，同時直接跟他道歉。然而，這位暴跳如雷的顧客補充道：「就算你直接過來找我們，我還是會繼續搞垮你們的生意。」他氣到要求我在他家裡磕頭謝罪（這是對武士最大的侮辱）。那位顧客對我的道歉相當感動，他說：「謝謝你把東西送來，你的心意我了解了。」這樣的顧客在日本並不多，但是他並不是特殊的日本顧客，這只是發生問題時

一般顧客會有的表現。

　　——藤倉克己（音譯）撰文

　　當然，好的客服應該要在那位女性訂購型錄時，就把型錄寄給她。

　　雖然郵購是巴塔哥尼亞配銷管道中最科學、或者說是最「公式化」的管道，但我們的郵購業務首要原則，就是打破不適合我們的郵購「公式」。對一家剛起步的公司或正在發展的企業來說，郵購是最容易預測的管道。某些傳統的郵購原則，對巴塔哥尼亞和其他郵購公司都一樣合理，但是某些原則就不是。以下就是其他郵購業者會依循、但我們不會照做的原則：

1. 傳統郵購守則：對型錄每平方英寸的頁面面積進行銷售額分析。

   我們的做法：這根本不重要，甚至會損害我們的形象。

2. 傳統郵購守則：向焦點團體諮詢郵購的經營方向。

   我們的做法：我們問自己就好。

3. 傳統郵購守則：給較貴的商品較多空間。

   我們的做法：我們給短褲的頁面空間有時跟嚮導夾克的一樣大。

4. 傳統郵購守則：撰寫充滿商業吸引力的文案。

   我們的做法：我們的文案大多描述事實和理念。

　　修納戶外用品在 1972 年推出了收錄〈乾淨攀岩〉一文的型錄開始，就認為型錄的主要用途是與顧客溝通，可以是試圖改變攀岩哲學；可以是召集顧客連署，投給環境一票，就像我們在 2004 年做的一樣；也可以只是講述故事。我們達到上述的目的後，才會放上顧客可以購買的產品。

　　這些年來，我們找到了平衡產品內容頁面和教育訊息頁面的理想方式（教育訊息包括文章、故事，以及形象照片），而且如果我們試圖增加型錄中的產品展示部分，銷售額就一定會降低。

網購部門經營理念

　　我一輩子都反對自動化，也不使用電腦，所以我根本沒想到線上購物會成為我們業務中如此重要的一環。現在有越來越多的顧客利用網路，尋找有關公司品牌、產品、歷史、服務、文化和形象的資訊。我們經營電子

商務的價值觀和理念與郵購通路相同，差別只在於網路可以更快地反應公司與顧客的需求。例如我們會在季末把要出清拍賣的商品放上網站，然後當天就可以賣出去；我們也會利用網路召集顧客，請大家協助處理環境危機。2015年1月我們遞交一份請願書給歐巴馬政府中的幾位官員，包括環境品質委員會的主席麥可・伯茲（Mike Boots）和內政部長薩莉・朱厄爾（Sally Jewel），請願書裡共有75,000份簽名，要求官員拆除史內克河上的四座水壩，這些水壩都是影響該河流系統復育鮭魚的關鍵。

　　網站可以作為與眾人溝通的大型工具，也可以適當地個人化。例如從我們網站寄出的電子郵件，有時候就會根據美國各地不同的寒冷程度，寄給顧客不一樣的服裝搭配。

　　另一方面，網站與郵購的不同處，就是你需要一直按按鈕、一直在網站中移動。網站不像型錄可以輕鬆翻閱。

　　我們現在的網路銷售量已超過郵購銷售量，這份成功歸功於巴塔哥尼亞其他三種配銷管道的協力合作。顧客可以在經銷商或我們的直營門市中檢視產品品質，或是在型錄中瀏覽產品，這樣他們就可以確定自己在電腦螢幕上訂的產品，會跟自己想像中的品質一樣。

實體門市經營理念

　　巴塔哥尼亞進入零售通路有幾項歷史因素。1960與1970年代的戶外用品專賣店，大多數依然是以販賣硬體產品為主，專賣店把大量的時間和金錢都花在廣告產品上。會大膽嘗試販賣服裝的戶外用品店老闆，只會在現有的商品系列中精挑細選，而且只進少量的產品。他們只想抓住潮流，而不是冒險行銷一系列產品，巴塔哥尼亞的經銷商只會賣一套產品系列中很少部分的商品。當時還沒有人懂什麼是櫥窗設計，商品在展示時都是放在一整片的鉻黃色架子上。沒有一件衣服會摺得好好的，我們公司的服裝會跟其他品牌的衣服混在一起，散布在店中各處，而且有時我們的內衣會被丟進地上的大型木板箱。此外，買家也害怕購買不同於「安全的」藍色或綠色的服裝或色彩。

　　這個產業需要改變，但是我們沒有看到任何人試圖在混亂中建立秩

序。1973 年，我們在芬特拉開了一家小型門市，但是我們的商品展示知識不比其他店家多，所以我們只能從經驗中學習，否則我們無法宣傳自己的理念。我們需要一個可以交換想法、販賣新產品，並和顧客直接互動的地方。

當時，加州柏克萊地區是專業戶外運動產業的中心，所以我們就在灣區尋找店面。我認為如果我們能在那裡成功運作，那擴展到全國應該也沒問題。我們在舊金山的北灘找到了一棟我們很喜歡的建築，那是 1924 年建造的車庫，有超棒的自然採光，後面還有一個花園。當地的朋友試圖阻止我們這麼做，因為那邊沒有專用停車場，而且離主要的購物街道也有段距離。但是我們覺得顧客會願意過來這裡，而且與其把高額的租金花在人來人往的店面，我們寧願把錢投資在改裝舊車庫上，讓車庫成為一家漂亮的偏遠小店。我們自己設計了貨架，陳列的服裝大部分都已摺好，而不是用掛的，我們也拋棄了鉻黃色的設計，找出了最「流行的」顏色，並從型錄上剪下形象照片，把照片掛在牆上。

到現在，舊金山門市依然是我們最愛的店面之一。我們重新改造了這棟建築，換上 1920 年代加州工匠真正的建築風格和結構設計。

在舊金山獲得成功之後，我們認為西雅圖會是成立另一家店面的最佳地點，但是西雅圖和塔可馬地區 19 家經銷商所銷售的巴塔哥尼亞產品量，比我們在芬特拉的一家店面還要低。然而，當地許多潛在的顧客和人口其實可以達到 200 萬美元的營業額。西雅圖門市在 1987 年 11 月開張，開張後的三年內，我們批發給當地經銷商的產品量每年平均成長 21％。顯然，我們的直營門市並沒有瓜分經銷商的業務，因為當地販賣的巴塔哥尼亞商品數本來就過低，而且直營門市的成功也帶給經銷商信心，讓他們相信自己可以販賣更多的巴塔哥尼亞商品。

在舊金山和西雅圖獲得成功後，我們決定走向國際。我在 1960 年代時，花了很多時間攀爬阿爾卑斯山，特別是夏慕尼附近的法國阿爾卑斯山區，我會在史內爾的泥地上露營，偶爾在酒吧裡喝杯啤酒。夏慕尼是阿爾卑斯山山區的小鎮中最國際化的地區，那邊的德國、義大利、北歐、英國和美國的登山客與滑雪客，就跟法國人一樣多。我在那邊擁有美好的回

憶，也相信那裡會是展示巴塔哥尼亞產品的理想地點，而且我們可以在夏慕尼與廣泛的歐洲顧客建立直接的交流。我想要在當地建立一個人們可以常去光顧的店面，雇用來自世界各地的中堅滑雪客和登山客。我也希望那家店可以成為環保活動的中心，例如負責清理冰河的垃圾，還有反對會造成環境汙染的卡車開經白朗峰隧道。

　　羅傑‧麥迪維特在1986年前往夏慕尼度假時，當時負責管理直營門市的梅琳達要求他看看那裡是否有要出租的建築。一星期後，興奮的羅傑打電話回來說找到了完美的店面，他甚至已經簽下租約了！他用快遞寄來照片之後，處理過舊金山店面改建工程的梅琳達坐在地上大哭，接著她用影印機放大照片，標示出可怕的1950年代歐式拱牆。後來，她拆掉了所有橘色的百葉窗鑲飾，露出建築物光裸的牆面，然後從附近較古老的夏慕尼建築照片中，找出傳統的鑲飾圖樣，加裝到牆壁上面。最後，我們擁有了一家可以讓夏慕尼感到驕傲的店面。梅琳達在這方面是狂熱份子，她堅持我們所有的建築都必須發揚周遭的歷史和文化，而且必須可以再維持百年。但在日本這類已經沒有老建物可供改造的現代都市，或是一些短租的房子，我們就不得不放棄梅琳達的美學堅持了。

前汽車展示店面，位於北灘的舊金山門市。© Courtesy of Patagonia

建築理念

撰文／伊方・修納

我們服裝以外其他產品的設計理念，包含建築在內，其實都跟服裝的設計理念一樣。以下就是我們設立新門市或辦公建築時會依循的指導原則，這些原則可以達到最佳的美學、功能和責任。

1. 除非有絕對必要，否則不要建造全新的建築。最負責的做法就是購買舊建築、二手建築材料和二手家具。

2. 試著拯救將被拆除的舊建築或歷史建築，而且所有結構上的變動都應該彰顯建築本身的歷史整體性。我們會矯正前任屋主的錯誤「改良」，也會拆掉所有假的現代拱門，我們希望最後完工的成品會是一棟可以成為「社區禮物」的建築。

3. 如果你無法做到復古，那改建時請重視品質。建築的美學壽命應該要與實體材料的生命週期一樣長。

4. 使用再生和可回收的材料，例如鋼樑、壁骨、再加工木材和草磚。安裝固定設施時要使用廢棄材料，例如壓縮的葵花子殼和農業廢棄物。

5. 所有建造物件都應該要可以修理，而且可以輕鬆保養。

6. 建造建築物時應該要讓建築的壽命能盡可能延長，即使這種做法一開始的價格較高。

7. 每間店面都應該獨一無二。店裡應該要反映、表揚當地的英雄人物、歷史和自然特色。

批發部門經營理念

　　經營批發的主要優點在於，與郵購或直營門市相較之下，批發只需要少量投資就可以接觸到顧客。批發可以進入潛在顧客居住、旅遊和購買硬體產品的地點，而且銷售時的人力與支出都可以轉移到經銷商身上。經銷商負責管理顧客關係，因此也成為巴塔哥尼亞的代言者。那麼我們又要如何確定巴塔哥尼亞真正的「故事」沒有在翻譯中消失呢？

　　傳達公司的訊息給顧客的方法，就是要與經銷商建立合夥關係。我們公司負責產品開發與生產的員工，在找尋合夥供應商與承包商時依循的理念，可以直接套用在經銷商合夥關係上。唯一的差別是供應商和經銷商的性質不同。這種方法比傳統上找尋新經銷商的半年制「獵水牛」法耗費更多時間、精力和毅力，「獵水牛」法每年可以開拓一、兩百個新經銷商，並去除表現不好的經銷商，這種做法顯然更為容易，那我們為什麼會願意花心力與經銷商發展關係呢？

　　以下是與少數優良經銷商建立合作關係的主要優點：

1. 不需要浪費精力、時間和金錢去尋找新經銷商。
2. 可以限制信用風險。
3. 與服務不佳、有損公司形象的經銷商解約時，法律問題可以壓到最低。
4. 公司可以耕耘願意投入產品系列的忠心買家，這些買家會願意買進產品系列中多種代表產品；如果買家是小型專賣店，他們也會願意買進較多存貨。
5. 對於公司產品與形象的控制比較穩當。
6. 可以獲得更清楚的市場和產品資訊。

　　我們的經銷商也可以從合夥關係中獲利。包括：

1. 擁有長銷的產品系列。
2. 免於市場飽和。
3. 穩定的價格結構。

4. 我們公司會提供採購、陳設，與展示產品的專業知識。

5. 成為巴塔哥尼亞協同行銷與配銷計畫的成員。

巴塔哥尼亞早年就很清楚自己的經營方向，我們知道要賣產品給誰：所有在美國販賣修納戶外用品給登山客的店鋪（1974 年我們訂立了經銷商的兩項資格，第一，經銷商每年最低銷售額為 1,000 美元，第二，經銷商必須至少雇用一位登山客為店員）。我們知道要賣什麼：最早的產品線包括橄欖球衫、水手衫、起立短褲和夏慕尼嚮導毛衣。我們跟經銷商都擁有同樣單純的目標：賣越多越好。

經銷商也認為巴塔哥尼亞是真誠的合夥人，我們之間的關係已超過信賴和善意。我們在美國的最終目標，是要努力達到每位經銷商 20 ～ 25％的業務量，或是成為經銷商最大或第二大的服裝供應商，這樣能建立實質的合夥關係。即使是擁有強烈自尊、要「用自己的方式來做事」的經銷商，也會聽從供應他 20 ～ 25％商品的人。

有遠見的經銷商通常會希望了解與我們建立這種合作策略對他的生意有什麼好處，這些好處又從何而來。他會希望知道合夥關係可以如何改善業務、吸引新顧客和提高現有顧客的忠誠度。不過在此必須注意的就是作為合夥人的經銷商，必須是完整且願意付出的經銷商。巴塔哥尼亞沒有所謂的制式或配套方案，這種方案在業務代表走出店門時就會失去生命和動力。我們跟願意在店鋪中特別投資時間、精力和想法，推廣巴塔哥尼亞給顧客的經銷商合作最為成功，而且這些經銷商也歡迎我們持續參與，並利用我們的專業知識。

我在 1985 年的一次演講中，說明了專業戶外用品市場的黯淡前途：

最早專門販賣戶外用品的店鋪，是專門販賣登山用品的五金行，例如傑瑞（Gerry's）和哈陸巴（Holubar）；滑雪用品方面則有柏克萊的滑雪小屋（The Ski Hut），航海部分當然也有販賣底漆、螺帽和螺栓的雜貨店。後來，1960、1970 年代出現了背包旅行熱潮。你可以在美國背包店（U.S. Backpacking）全國 300 家背包旅行店鋪的其中一家，買到登山或背包旅行所需的一切，1972 ～ 1973 年是背包旅行和登山運動的顛峰時期，硬體裝備（也就是睡袋、帳棚、

繩索等）的業務開始下滑。

　　大約就在同時，修納戶外用品／巴塔哥尼亞成為首先說服經銷商販賣、投資軟性產品（生活風格服飾）的公司之一。現在戶外用品市場的情況有點像美國中部的超市。在一家典型的戶外用品店中，你可以買到一些耐用的戶外服裝、一些泛舟與登山的配備和高品質的睡袋，這跟每個超市都有賣白麵包與魚條有點像。然而，你無法在這種店裡找到80度的雙面標桿船槳，也找不到遠征或冬季登山時可使用的靴套。店家可以特別幫你下訂單，但是需要6～8週才能拿到貨。你要找登山用品？噢！那都已經釘在睡袋後面的牆上了。店家的確有賣一個500元的帳棚，但是卻跟你在釣魚與打獵用品店中用200元買到的依瑞卡（Eureka）仿冒品長得很像。如果你想要特定的某件巴塔哥尼亞服裝，店家有存貨的機率大概是10％。

　　你看出來發生了什麼事嗎？店家都是這邊賣一點、那邊賣一點，所以他們也成為毫不專業的店鋪。如果一般戶外用品店的顧客品味一般智慧也一般的話，那當然沒什麼問題，但是我們現在討論的是有錢卻沒多少空閒時間的聰明人。若要說戶外運動人士之間有什麼共通點，那就是他們不會把空閒時間花在漫無目標的購物上，如果他要開車20分鐘才能到一家店，他們可不是像布明戴爾連鎖百貨（Bloomingdale's）的客人只是為了消遣，他們是要購買某些需要的商品。我可以告訴你，假如店家沒有販賣這些人想買的東西，他們一定會覺得很生氣。

　　在大多數例子中，顧客的要求都已經遠超過一般戶外用品店能夠提供的服務，因此顧客被迫透過郵購或必須在線上購買，或者他就要去提供更多選擇的「休閒用品賣場」（Recreational Equipment Inc.）、坎貝拉（Cabellas）或其他大型店家購物。就連比較進步的百貨公司在陳設、銷售生活風格服飾（例如橄欖球衫和羽絨夾克）時，都可以表現得比戶外用品專賣店更好。小型專賣店的空間或存貨都不足以成為一家服飾店，而且通常也失去成為優秀登山或背包旅遊店鋪的專業能力。大致上，我們的專賣店產業停滯不前，雖然某些較大型、較積極的店家經營得很好，但是大多數的店鋪卻毫無起色。

　　從30年前的那場演講到現在，市場情勢為大多數的小型零售商蒙上

更黯淡的未來。在 1960、1970 年代開設專賣店的那一代登山客、滑雪者、釣客都已經失去熱情，要不是已經退休，要不就是準備要退休，他們的小孩也不想接手。這個產業已經不再成長，所以他們也找不到買家。休閒用品賣場、運動專賣店（Sportmarts）和迪卡濃（Decathlon，法國店家）等公司的業務規模都比過去還要龐大。當主流公司如勞夫羅倫（Ralph Lauren）、湯米席菲格（Tommy Hilfiger）和 Nike 都在生產 Gore-Tex 外套和與羽絨夾克時，你真的光是在梅西百貨就可以買到攀爬聖母峰的裝備，而且靠著在好市多買到的黑黃相間連身雪上摩托車外套，你就已經穿得比 1953 年的愛德蒙・希拉瑞＊要好。

巴塔哥尼亞沒有興趣銷售產品給百貨公司或大型運動連鎖店，所以從 1985 年到現在，我們的經銷商名單減少了。這對走專業市場的戶外用品業來說，並不是健全的情況。我們面臨的這些問題和對應的解決方案，跟那些面臨沃爾瑪百貨大舉攻占零售業的全球小型零售商並無不同。

很多戶外服飾公司都在生產相似的商品，衣服用一樣的原料、委託同樣的紡織工廠、產品性能相仿，而且櫥窗擺設活像一家縫紉用品店，門上貼了 25 個廣告，但沒有一個廣告提供深入的商品訊息。大型超市可以一次提供四種品牌的食鹽，但小型的釣具店卻付不起同時展示四或五種釣竿品牌的價錢，他們只能努力經營很少的品牌，並以擁有那幾種品牌的存貨為顧客所知。

磚塊和水泥零售商面臨更大的困境，他們提供的商品種類根本無法和網路及電子商務等通路相比，顧客常常比店員知道更多類型的產品。但實體商店卻能把夢想和熱情生動地呈現在顧客眼前，試想想，如果實體釣具店不再營業，那釣客要去哪裡吹噓自己剛在黃石公園沼澤溪（Slough Creek）裡抓到一隻大鮭魚？如果登山用品店消失了，還有誰能幫助嚮導並啟發下一代的登山家？大家當然可以上網找商品，但網路上沒辦法獲得親身的傳承和回饋，也得不到成就感。在實體衝浪店或電影院裡和一大群興致勃勃的衝浪客一起看衝浪片，絕對比一個人在電腦或電視上看更刺激。

＊　Edmund Hillary，紐西蘭登山家、探險家，文獻記載上首位攻頂聖母峰的人。

　　另外，實體專業用品店讓顧客有機會實地比較產品、試穿、觸摸衣料，並了解好的產品和蹩腳貨的品質差異。如果你可以和一位戶外運動新手建立好關係，他將會成為你一輩子的忠實客戶。

上　圖　在巴塔哥尼亞的第一間零售店 —— 太平洋鐵工廠提供顧客服務。攝於加州芬特拉。© Tim Davis
右頁上圖　2015 年巡迴各地進行衣物維修計畫。攝於奧勒岡州史密斯岩石州立公園。© Donnie Hedden
右頁下圖　巴塔哥尼亞紐約蘇荷區（Patagonia Soho）零售店的衣物維修中心。© Colin McCarthy

Marketing Philosophy
市場行銷理念

　　每個人一輩子都在創造與改善自己在他人眼中的個人形象，即使你沒有感覺到自己有這麼做。公司也一樣要創造與改善形象，公司形象可以源自其進入業界的理由、源自公司的行動，或者也可以靠廣告人員的創意來打造。一家公司（和個人）的公眾形象可以與其本質有很大的差距。

　　我們經營公司形象的方法很簡單，就是告訴消費者巴塔哥尼亞的本質。我們不需要像萬寶路香菸公司一樣創造一個虛構的萬寶路牛仔，也不需要推出像雪佛蘭汽車公司「我們贊成」（we agree）那樣虛情假意的環境關懷廣告。對我們來說，寫一篇虛構的廣告比寫一篇真實的廣告難太多了，前者需要相當的想像力和創造力，後者只要說出真相就好。但事實上，虛偽的傳統廣告和行銷手法是成功的，否則香菸公司怎麼能說服一個聰明人去吸那些致命的香菸？而且他們抽的都是萬寶路而非維珍？那些廣告的確很有感染力，但都是虛假的。

　　如果我死後將要下地獄，魔鬼會把我變成可口可樂的創意廣告導演，負責吸引年輕人花幾分錢，購買味道和其他汽水公司根本一樣的高果糖玉米糖漿飲料。

　　巴塔哥尼亞的公司形象直接源自公司價值觀、戶外活動，以及創辦人和員工的熱情。雖然我們的形象可以實際地表達出來，但是卻無法歸納成一個公式。事實上，我們極大部分的形象都仰賴「實在」，所以套用公式反而會破壞這份形象。不過有些諷刺的是，巴塔哥尼亞的「實在」是指在一開始就不在乎所謂的形象。在沒有公式的情況下，塑造形象的唯一方式就是活出自己的形象，因此巴塔哥尼亞的形象直接反映了我們本身和我們的信念。

　　巴塔哥尼亞的核心形象是什麼？一般大眾又如何看待我們？我們的起

左頁圖　萊茵哈德・卡爾（Reinhard karl）和費茲羅伊峰的天際線。攝於 1984 年。費茲羅伊峰是巴塔哥尼亞商標的靈感來源。©Luis Fraga

源當然還是最重要的 —— 一家生產全球最佳登山硬體設備的打鐵鋪。打鐵鋪擁有一群無拘無束又獨立的登山客和衝浪者員工，他們的信念、態度和價值觀成為巴塔哥尼亞的文化基礎，這種文化衍生出一種形象：巴塔哥尼亞的員工會使用自己製作的產品，而且產品實在、講究，又優良。

　　我們的形象逐漸進化，現在還納入了另一種文化，那就是新一代的攀岩者、越野跑者、釣客和衝浪者正在嘗試製作全球最佳的戶外運動服飾。這份形象的基礎，來自新一代成員願意為野生環境作出奉獻的心，他們的奉獻對象不只包括自然世界，還包括他們自己從事的運動領域。他們繼承了 1950 年代新興公司的價值觀和信念，還帶入了新的價值觀 —— 願意在環保議題上採取堅定態度的決心。

　　我們為多種戶外運動製作服飾，這給我們帶來極大的助益。比起針對單一市場製作服飾（例如我們原本只生產登山服飾產品），經營多元的市場可以擁有更廣泛的前景。

　　巴塔哥尼亞的形象就是人類的心聲。這份形象表達了熱愛世界的人們的喜悅、他們對自己的信念擁有的熱情，以及希冀能影響未來的渴望。這份形象未經加工，也不會犧牲人性化的一面，因此這份形象可能會忠言逆

耳，但是也可以鼓舞人心。

　　管理形象也很重要，我們不能只透過公司採取的行動、銷售的產品，還有堅持過去的理念來塑造巴塔哥尼亞的形象，還要管理人們從行銷與販賣產品的一般商業管道，所了解到的公司形象。我把巴塔哥尼亞的形象行銷理念分成以下四個部分。

廣告的首要目標不是銷售產品，而是分享巴塔哥尼亞的生活哲學

　　許多公司與顧客的主要溝通方式都是透過廣告。廣告可以吸引你的注意力，但是無法持久。在瞥了一眼後，你就會回去看剛剛在看的文章或節目，或是去看別人的廣告，或者乾脆按下靜音鈕。據說看電視的人要重複看同一支電視廣告七到八次，才能在腦海中留下印象。

　　巴塔哥尼亞的產品想讓人可以更深入、更專注地體驗世界和野生環境，因此我們的形象也必須表現出這個虛擬世界雖然滿是快速變化、草率（且麻木）的感官知覺，但我們公司可以是逃離這一切的另一選擇。為了完整傳達巴塔哥尼亞的理念，我們需要顧客集中的注意力。型錄的主要用意是告訴顧客（讀者）我們的故事，型錄的優點是內容完備、便於攜帶，而且顧客每翻一頁都會有驚喜。

　　型錄的首要目標就是分享和鼓勵特定的生活哲學，這種哲學可以與我們公司的形象相輔相成。我們的生活哲學基本信念是：對環境抱有深深的感謝，擁有願意協助解決環保危機的強烈動力；對大自然抱持熱愛；對權威則有健康的懷疑態度；喜愛需要練習、要求熟練的困難人力運動；厭惡靠馬達產生動力的運動，例如雪上摩托車或水上摩托車；對真正的冒險抱持敬意和愛好（真正的冒險的最佳定義，就是一趟可能無法活著回來的旅程，當然，回來後也會跟原來的自己不一樣）；還有相信「少即是多」的信念（在設計與消費上皆是如此）。

　　型錄是我們每個銷售季的聖經。我們所有用來表達公司概念的媒介，從網站、吊牌、零售展示、新聞稿，到影片等等，都是以型錄為基礎並由型錄的圖文模式構築而成。

左頁圖　這是 1980 年的型錄，朋友兼鄰居負責展示絨毛外套。好玩的是在 2005 年，她身上穿的駱駝黃夾克在日本 eBay 以 4,000 美元賣出。© Rick Ridgeway

上　圖　約翰‧薛曼在魔戒岩壁（Lord of the Rings）上享受庫柏黑啤酒。攝於澳洲阿拉皮爾
　　　山（Arapiles）。© John Sherman Collection
右頁圖　我們某些顧客不願意放棄自己的巴塔哥尼亞服裝，直到穿起來有如公然猥褻才肯
　　　罷休。© Kathy Metcalf Courtesy of Patagonia

向顧客徵求真實運動照片，不用半裸模特兒做假廣告

　　我回頭看早期的巴塔哥尼亞型錄時都覺得很尷尬，因為那些照片看起來真的太土。我們負擔不起雇用真正的模特兒或職業攝影師的費用，所以照片裡的服裝都是找朋友來穿著展示，我們讓他們擺出很呆的姿勢，然後拍下照片。這真的很糟，但是當年其他人的型錄或廣告都是這樣。

　　某天我跟我的朋友瑞克・理吉威一起去衝浪時，突然靈機一動，我跟他說我要開始不用朋友當模特兒，單獨拍攝衣服，然後我們要從顧客那邊收集人們真正在運動時的照片。我們在型錄中放上了公告，請顧客「捕捉巴塔哥尼亞人」。照片有如洪水般湧來，全都是顧客和攝影師拍攝的，我們因此必須成立一個照片部門，起用瑞克的妻子珍妮佛擔任經理和編輯。

　　照片中的人若是一位有名有姓的真實攀岩者在攀爬真實的岩壁，同時小露一點肌膚，絕對會比不知名的半裸紐約模特兒假扮成攀岩者更性感。而且這樣也比較誠實，誠實正是我們努力在行銷與攝影中呈現的特質。

　　我們也謹慎地挑選照片，這代表我們需要推卻很多照片。除非某位班圖酋長真的擁有一件絨毛外套，否則我們不會拍下他穿著那件外套的照片，這麼做是種侮辱。我們印出的照片不會是褐色皮膚的背包客在秋天週末舉步維艱地穿越阿帕拉契山徑，因為那樣太安全了。我們也不會放上有著寬闊下巴的登山客在強風吹襲的山頂上立起旗子的照片，因為征服的意味太濃厚了。

　　我們展現的照片絕對都是真實的，例如攀岩者在攀岩基地裡生鏽的雪佛蘭引擎蓋上野餐；旅人從非洲皇后號下船；一棟腐朽的貝里斯小屋；一頭栽進粉雪中的滑雪者心滿意足地爬起身；一隻加拉巴哥斯的海龜在帳棚旁的洗衣場撕爛絨毛夾克；夏慕尼的冰河上用垃圾建成的雕像；參加橫越太平洋比賽的水手在船上筋疲力竭的樣子；技工正在幫卡車的球接頭上油，這台車剛剛開經一條爛路；在野外幫鳥兒綁腳環的海洋生物學家；保護紅杉的茱莉亞・希爾；還有一群滑雪者聚在倒碗雪場（back bowl）的冰雕電視前「看電視」。

上跨圖　莉亞・布萊希在法屬玻里尼西亞溫暖的海水中開始她的一天。© Vincent Colliard
左頁圖　從最早的型錄開始，我們就一直讓廣告裡的女性形象和男性相當。當我們印上女
　　　　性的照片時，她們都是居於領導地位，而非跟隨在後。這張琳恩・希爾（Lynn
　　　　Hill）攝於 1983 年的照片就可說明一切。© Rick Ridgeway

從很多年以前我們就開始拍真實的人做真實事情時的照片，並在圖片下加入文字說明，現在所有的戶外用品型錄和雜誌都抄襲了我們。

利用廣告文案宣導正確的環境理念

從修納戶外用品那時開始，我們要求的文案標準就很高。我們一向與眾不同，所以清楚表達我們的故事就更加重要。我們公司向來都用文字來表達理念，也以文字來銷售產品。我們有兩種基本文案：一種是說明公司價值觀或宣傳理念的個人故事，另一種則是銷售產品用的說明文案。

修納戶外用品在 1972 年的型錄中刊登了〈乾淨攀岩〉一文，鼓勵攀岩者要「乾淨地」攀岩，這也是第一篇講解新岩楔使用方法的文章。修納戶外用品店的岩釘生意因此衰退，岩楔的生意則幾乎在一夜間就暴增了。型錄的影響力遠遠超過其他商業工具，《美國山岳期刊》甚至將我們的型錄視為登山書籍並撰寫書評。我們在 1991 年發表一篇介紹文章〈檢測實況〉，提醒顧客我們製作的每項產品都會給環境帶來傷害，所以鼓勵大家購買更好的產品，或是減少消費。

巴塔哥尼亞的型錄也會刊登「田野報告」，這些簡短的文章敘述了野外的生活經驗，撰寫人都是作家或朋友，例如保羅・瑟拉斯、湯姆・布羅可、格雷陶・厄李奇、瑞克・理吉威和泰瑞・威廉斯等等。我們也會對外邀稿，刊登如比爾・麥基班、范達那・席娃、蘇・赫爾本、卡爾・沙芬納，以及賈德・戴蒙等人的環保文章。

有些理念比其他概念更為明顯或直接，所以比較容易傳達。比如如果你告訴一位家長當地的飲用水會危害他的小孩，那就可以直接引燃他們的怒火。但如果你跟同一個人說根據某長期研究，發現他們那片廣泛使用殺蟲劑的農地中的孩童，身上會出現無法解釋的病症，那對方的回應就不會那麼明顯。因為這種說法在情緒上比較不直接，表達時需要花費更多心力，解釋也要更深入。

產品文案則要提供布料細節與如何使用等等的必要訊息，我們想要用照片傳達巴塔哥尼亞對運動與生活的期盼，這種細膩的心理也可以透過產品文案來增強。我們對「正確」的要求標準很高。而且既然我們不怕挺身

而出，也敢冒險觸犯別人，那就更有理由呈現正確的事實。

在寫作風格方面，我們寫作時都把自己當成顧客。我們一直都是巴塔哥尼亞最死忠的顧客之一，所以寫作上沒有碰到什麼困難。我們不會把讀者化約成最小公倍數，我們以自己希望受到的待遇來對待每位顧客，並將顧客視為認真、聰明、值得信賴的個體。

我們在電子商務通路的直銷量已經大幅超越零售門市和郵購，公司也開始使用更廣泛的溝通媒介來傳達訊息。我們目前有一個書籍出版部門（巴塔哥尼亞出版），出版主題包括環境、巴塔哥尼亞戶外運動大使和我們從事的運動，我們會把書籍內容翻拍成影片，現在官網上也已經塞滿了各種視頻和產品資訊。社群媒體真的是非常有力的宣傳工具。此外，我們應用在型錄上的品質準則，也同樣適用於其他宣傳工具。

踏實經營公司的信譽，而不是花大錢買廣告

我們的形象經營理念是告訴客戶巴塔哥尼亞的企業本質，宣傳目的則是推銷商品給顧客。

一切宣傳工作都從推廣商品本身開始，消費者可能不知道公司推出了新的產品，甚至不知道自己會想要買，特別是那種和市面上商品完全不同的新潮商品。過去我們在修納戶外用品店把岩釘改為岩楔、改造諸多攀冰工具時，我們不只要寫一份新的使用說明書，還得寫一本攀冰手冊＊。

宣傳一個劃時代的產品很容易，因為市場上沒有競爭者，而且你有很多的故事可以說。如果我們推出了一個很難行銷的產品，有可能是因為它和其他舊商品比起來沒有什麼特別之處，這表示我們一開始根本不應該生產這項產品。

我們對巴塔哥尼亞型錄裡的宣傳文章和型錄外的所有宣傳工作定下了三項一般方針：

1. 我們的守則是激發與教育，不是宣傳。
2. 我們應該要努力贏得信用和聲譽，而不是用錢去買。得知我們資訊

＊　《冰山攀登》（Climbing Ice），巴塔哥尼亞出版。

　　的最佳來源，就是朋友口耳相傳的推薦，或是新聞稿中的正面評價。

　　3. 廣告只是我們的最終手段。

　　我們會對顧客做出某些假設，不僅是把他們當成聰明人而已。我們假設他們不會把逛街視為娛樂，不會出門去「買一種生活」，顧客想要的是更深入、簡單的生活，不想添加一堆無謂的東西，而且他們也已經受夠被當成積極廣告的目標，或是根本不在乎那些廣告。我們知道不管對顧客或我們自己來說，最有價值的建議都來自我們信賴的朋友。再來，我們會尊重職業人士或專家的意見，例如戶外活動指導員、登山嚮導、釣魚嚮導，或是河川協會等等。

　　這些專家每天都穿著自己的服裝生活與工作，因此，我們公司會提供專業人士採購計畫，用優惠價格銷售服飾給各個專業市場中的重要人物。我們與許多團體合作，比如位於險要地區如傑克遜洞和太勒萊德的滑雪救護隊、大峽谷的河川嚮導、前往巴基斯坦攀爬川格岩塔群的攀岩者、處理環保議題的人士，或是綠色和平組織的運動人士等等。

　　我們也提供運動裝備，有時還提供薪水和救濟金給頂尖的攀岩者、衝浪者和耐力運動員，提供他們服裝的主要目的是讓他們可以回報產品狀況，同時協助設計。他們會向我們的零售員工提出建議，告訴他們如何銷售特定運動的專業產品，也會出席業務會議，我們一般視他們為公司的大使。這種做法為巴塔哥尼亞的商品展或消費活動帶來良好影響，也可以協助創造口碑，讓商品能逐漸普及。不過我們也對這項政策定出界線，例如這些大使不是根據他們穿著公司服裝上封面照片的次數來領薪水。

　　讚美公司或產品的人與你的關係越疏遠，帶來的信譽也就越高。在電話上跟父母提及自己的表現也不錯，但是外界的話語絕對有更大的分量。

　　新聞報導也很重要。公關公司都說一篇獨立的推薦文章擁有的價值，比購買廣告高出 3 ～ 8 倍，但確切的數據還沒有定論，所以當我們在1994 年推出用回收保特瓶做的辛奇拉布料時，只用更保守的一比一公式

計算，結果發現公司獲得的新聞報導價值，約等於 500 萬美元的免費報導。

　　我們的公關很積極，如果有某個新聞角度可以切入我們的產品，那我們就會好好利用。我們會盡力把消息告訴記者，不管是新產品、有關環保議題的立場，或是托兒計畫等等。但是我們不會製作光鮮亮麗的宣傳用套件，或是在商品展裡舉辦精緻的記者會，我們相信吸引媒體的最佳方式，就是提供他們值得報導的故事。

　　就像我之前提到的，廣告對大家來說絕對是最不可靠的資訊來源。對我們來說，付費廣告的最佳用途是宣傳新店開張，或是啟發大家對某特定議題的環保意識，例如為何要拆除某條河流流域內的水壩？我們偶爾會利用廣告來支援品牌，通常是在發行量較低的運動專業雜誌裡做廣告。整體來說，我們做的廣告比大多數戶外用品公司都要低上許多（通常不到我們營業額的 1%），更別提那些服裝公司了。廣告必須創造快且即時的印象，但依然要符合我們一般攝影與文案的所有標準。巴塔哥尼亞的廣告照片通常是整本雜誌中最棒的作品。

蓋瑞‧洛佩茲在滑粉雪期的早晨靠高速的急轉彎來加速。攝於奧勒岡州巴奇勒山。
© Andy Tullis

Financial Philosophy

財務管理理念

公司真正需要負責的對象是誰？公司的顧客？股東？員工？我
們的主張是以上皆非。基本上，公司真正要負責的對象
應該是自己的基礎資源。因為如果沒有健康的環境，
就不會有股東、不會有員工、不會有顧客，也不會有生意。

—— 摘自我們 2004 年的一系列廣告

　　我們是產品導向的公司，也就是說產品永遠排在第一順位，公司存在
的意義就是要開發及維護我們的產品。這跟配銷公司不同，配銷公司主要
關注的或許不是產品，而是公司的服務。

　　當你仔細觀察某些公司時，或許會很意外地發現，並非每家公司都是
為了生產實際的產品或服務才進入商界。真正的產品可能是公司本身，也
就是讓公司成長後，某天再將公司賣掉。

　　在一家上市公司中，實際產品可能是股票，執行長和其他內部股東、
選擇權擁有人，與董事會（也是股東）做的所有決定，都不是要維持公司
長期的健全，而是要讓股價保持在高點，一直到所有本金都可以套現為
止。這可能會導致公司作帳，以粉飾太平，因為這是唯一能在每一季都顯
示有「獲利」或成長的方法，但也會讓公司開始搞不清楚自己進入業界的
原因。

　　巴塔哥尼亞的企業使命完全沒有提到獲利兩個字。事實上，我的家族
認為公司的利潤就是我們在該年度完成的善行數量。但一家公司還是需要
保持獲利才能繼續經營，才能完成所有其他的目標，我們也認為獲利能給
我們信心，讓我們知道顧客都贊同巴塔哥尼亞的行動。

　　我們企業使命的第三部分是「利用企業來激發、實踐解決環境危機的
方案」，公司必須帶頭負責解決環境危機。如果我們希望能以身作則、領
導美國業界，那我們勢必要能獲利。如果我們沒有獲利，不管我們捐出了
多少錢，或是成為「百大最佳公司」而獲得多少名聲，還是沒有一家公司

會尊重我們。如果你能獲利，舉止古怪就不成問題；否則你就只是個瘋子而已。

在巴塔哥尼亞，獲利並非目標，因為禪師會說「做對了所有事之後」就會產生利潤。在我們公司，財務的重要性遠超過金錢管理，而且要在我們這樣一點都不傳統的公司中，透過傳統手法來平衡財務實在是一種領導藝術。在許多公司裡，狗兒（企業決策）都是追著尾巴（財務）跑，而我們則是努力在讓公司繼續經營百年的願望與贊助環保活動之間找出平衡點。

我們的理念為財務不是所有業務的根本，而是用來補強公司其他部分的元素。我們了解自己的工作品質、產品品質都直接關係到利潤。一家公司若是輕視品質，就會試圖透過削減成本來最大化利潤，並創造商品的假性需求來提高銷售額，還會役使各階層的員工更加辛苦地工作。

在巴塔哥尼亞自營的銷售管道中，比如在型錄頁面或直營門市塞入更多商品，不一定表示可以賣得更好。有品質的呈現方式能售出的數量一定勝過一團混亂。我們發現公司獲利最高的部分來自於忠實顧客，推銷新產品時也只需要耗費一點點努力，忠心顧客就會願意購買，而且他們還會向所有的朋友宣傳。若與其他顧客相比，賣產品給一位忠心顧客可以為公司帶來 6 ～ 8 倍的利潤。

我們相信好的品質已經不再是一種奢侈。消費者會辨認產品品質，而且也期待好的品質。舉個例子來說，策略規畫研究中心（Strategic Planning Institute）多年來收集了數千家公司的表現數據，每年都會推出名為「行銷策略對獲利的影響」（Profit Impact of Market Strategy，PIMS）的年度報告，在這份報告中可以逐漸清楚地看出，最密切影響企業成功與否的因素不是價格，而是品質。事實上，該機構發現整體來說，一家公司的產品品質與服務品質若擁有優良的名聲，公司的投資報酬率會是品質與價格都較低的競爭對手的 12 倍。

每當我們在工作上面臨需要認真思考的決策時，我們最後得到的答案通常是改善產品的品質，因為一個有益於地球的決定，最終也會有益於我們的生意。

我在經濟大衰退中期那些最糟糕的日子裡，在一個衝浪產業的領導人

小組中發表了演說，內容是巴塔哥尼亞使用 100％有機棉和重整生產線的經驗。其中一個大型衝浪企業的執行長說他們在經濟大衰退前，也曾使用有機棉生產很少部分的衣服和帽子，但發生大衰退後，就不得不停產。我問了他們的銷售狀況，他說掉了 20％，我說巴塔哥尼亞那年掉了超過 30％。但現在看看這家公司和衝浪產業裡其他企業在市場上的表現，他們幾乎難以生存，因為他們不知道年輕消費者的使用習慣已經改變了。

退貨與不良品每年都花費我們數百萬美元的成本（在 1988 年，每件退貨平均帶來 26 元的處理成本，而且這數字只會一直上升）。不滿意公司產品的客戶又會帶來多少成本？最近一項全球顧客調查顯示，只有 14％的美國人可能會在產品出現問題時，聯絡該產品的公司，歐洲的比率則低於 8％，日本更只有 4％。其他研究也顯示，若是顧客買到有問題的產品，其中有一半到 1/3 的顧客就再也不會購買該公司的產品。

我們是一家私人公司，不打算賣掉公司、不打算把股票賣給外界的投資人，也不希望操作財務槓桿。此外，我們也不會將巴塔哥尼亞拓展到專業戶外運動用品市場之外的領域。那麼，公司的財務政策該如何回應上述如此明確的規定？

首先是財務要以「自然的速度」成長。當顧客跟我們說由於商品不斷地缺貨，導致他們一直買不到產品而備感挫折時，我們就需要製作更多產品，也就帶來了「自然的成長」。我們不會為商品創造假需求，例如在《浮華世界》或《GQ》等雜誌打廣告，或是在舊市區的巴士中打廣告，希望吸引小孩購買我們公司的黑羽絨外套，而不是去購買 The North Face 或 Timberland 的外套。我們希望巴塔哥尼亞的顧客是真正「需要」我們服飾的顧客，不能只是「想要」而已。

我們從來都不想成為一家大公司，我們希望成為最好的公司，而成為最好的小型公司要比成為最好的大型企業容易多了。我們必須自制，有時為了要讓某個部門成長，我們可能要犧牲另一個部門的成長。此外，我們也必須要清楚了解「實驗」的界線，而且只能在界線範圍內運作，這非常重要，因為我們了解一旦超出界線，我們想要擁有的公司型態就會消失。

一家公司以每年 10％或 15％的速率成長時，會比較容易獲利。我們

跟政府不一樣，不能依靠成長中的經濟來「燒掉脂肪」。緩慢或接近零的年成長率，代表每年的工作必須更有效率，才能為公司帶來利潤，我們必須靠著改良產品品質、最大化營運效率，以及量入為出，讓公司在每年只成長幾個百分點的情況下，還是可以持續獲利。

我們對未來的情勢感到悲觀，因為現在全球的經濟基礎是建立在有限資源和無止盡地消費、拋棄那些人們通常不需要的商品上。我們不想操作財務槓桿，也希望達到零債務的目標，這兩項目標目前都已經達成。

債務極低或是資本中擁有現金的公司，可以善加利用隨時會出現的機會，或投資成立新的事業，而且也無須背負更多額外的債務或尋找外部投資者。

現在這個時代，變化發生的速度都十分迅速，因此所有策略和計畫必須至少每年更新一次。許多日本公司都不做年度預算計畫，而是每六個月更新一次預算計畫。以巴塔哥尼亞來說，最沒有彈性的計畫就是中央提出的規畫，中央的規畫帶有某種死板、官僚的意味，而且根本察覺不到所有現實的改變狀況。因此，預算計畫可以是極有價值的指導原則和規畫工具，也可以是公司的威脅。

我們也必須要從其他角度預測未來。財務人員的角色不應該只是告知過去發生了什麼事，也需要預防未來出現措手不及的意外。一家公司應該要不斷揣測「假如某件事發生了」的情況，比如思考假如所有高層管理人員都在墜機意外中身亡該怎麼辦？我們的倉庫燒光了該怎麼辦？或是我們的主電腦燒融了或中毒了該怎麼辦？或是業務跌落 25%、或日本銷售量突然暴增到超出眾人預料時該怎麼辦？我們不需要那些已規畫好的危機處理計畫，我們需要的是去辨別哪些危機可能會出現，這樣我們背後就比較不會突然中一記冷箭。

一樣的，我們對透明化的要求也延伸到與政府的關係上。我們不會跟稅務人員或審計人員玩遊戲，我們的納稅策略就是付清該付的稅款，但是一毛也不會多。我們不會聽從狡猾的建議，擬定複雜的策略來規避稅賦。公司內部的會計程序也是一樣，我們知道有合法的途徑可以改變如存貨、支出的報帳金額，來讓每年提報的營業額大幅不同。事實上，我們也可以

像許多上市公司一樣，在公認的合法範圍內讓每季都表現出盈餘，但是根據公司財務長的觀點，我們的會計策略只可以使用能最正確、一致地反應真正財務狀況的計算方式。

　　幾乎每個星期都會有潛在的買主跟我們接洽，他們的意圖都一樣。他們看到了一家價值被低估的公司，他們想讓我們公司快速成長、上市。成為上市公司或甚至合夥公司會束縛我們的營運模式、限制我們處理盈餘的方式，也會讓我們走上成長和自我毀滅的道路。我們企圖要讓巴塔哥尼亞維持為股權封閉的私有公司，這樣才可以繼續專心實行公司的基本要求——做好事。

　　2013 年我們把控股公司「失箭企業」的名字改為「巴塔哥尼亞工作室」，它成為了巴塔哥尼亞旗下的子公司，這個工作室的唯一目標是致力於用商業來解決環境危機。巴塔哥尼亞工作室是「B 型實驗室」（B Lab）的成員。B 型實驗室是非營利組織，它聯合了一群致力於改善自己的社會及環境行為的 B 型企業（B Corps），同時也在全世界推廣立法成立一種新型態的企業「兼益公司」（Benefit Corporation），這類公司在勞工、社群、環境等衡量公司表現的指標上，訂立並要求自己達到比一般公司更高的標準。

　　B 型實驗室認證 B 型企業的方式和美國公平貿易組織認證公平貿易咖啡、美國綠建築協會認證綠建築的方式一樣，任何公司都可以使用 B 型實驗室的鑑定工具評估自己的表現，但在被認證為 B 型企業前，必須超過一個最低分數門檻。獲得認證後，每兩年就要接受一次獨立審查，而且過程必須是透明的（巴塔哥尼亞會將報告公布在網站上），如果分數低於最低標準，公司的認證就會被撤銷。截至目前，全世界總共有 42 國、超過 1,450 家公司獲得 B 型實驗室認證 *，而且數目一直在成長。

　　2012 年 1 月 1 日，加州成為美國第七個承認兼益公司的州，我們是第一個登記的企業。成為合法的兼益公司讓巴塔哥尼亞可以將許多重要的理念記入營業執照和公司條款，比如將每年 1% 的營業額投入環境事業。即使巴塔哥尼亞日後被轉賣，這些理念和條款都必須經過董事會內所有成員的同意才能修改。

---

* 上述數目為原文書出版前的 B 型企業數目。截至 2017 年 1 月 20 日，全世界總共有 50 個國家、2,014 家公司獲得 B 型實驗室認證。

DON'T BUY
THIS JACKET

別買這件外套

今天是黑色星期五，每年零售業在此時會轉虧為盈，開始真的賺到利潤。但是黑色星期五和它反映出的消費文化，卻毫無疑問地會讓支撐所有生命的自然體系經濟呈現赤字。我們只有一顆寶貴的地球，但是我們現在使用的資源，卻比地球擁有的資源還要多出 50%。

巴塔哥尼亞希望能長長久久地經營業務，並且為子孫留下一個適合居住的世界，所以我們想要做一件與現今其他所有公司都背道而馳的事。請您減少購買物品，而且在花任何一分錢購買這件外套或其他商品前，先好好想一想。

環境破產與企業破產一樣，發展的速度非常緩慢，但會在一瞬間突然爆發。這可能會是我們將要面臨的情況，除非我們能減慢腳步，逆轉自己造成的傷害。如今淡水、表土、漁獲、濕地皆逐漸短缺，地球上所有的自然系統與資源都是如此，但商業與我們的生活全都仰賴它們來支撐。

所有產品的環境成本都讓人瞠目結舌。例如圖中的這件 R2* 夾克是我們最暢銷的產品之一。製作這件夾克時，需要 135 公升的水，這足夠供

45 個人的每日用水（以每天 3 杯水來算）。這件夾克最初的原料中有 60% 為回收聚酯纖維，從製作程序開始到進入雷諾倉庫為止的這段旅程，夾克總共產生了將近 20 磅的二氧化碳，是夾克成品重量的 24 倍。這件夾克在進入雷諾時，背後留下的廢棄物重量達其本身重量的 2/3。

這件夾克有 60% 的原料為回收聚酯纖維，以高標準的編織與縫紉技法製作，因此格外耐用，無須像常見情況得加以更換。等到這件實用夾克的壽命走到盡頭，我們會將其回收製成等值的產品。然而就像我們製造的所有產品和您買到的所有產品一樣，這件夾克帶來的環境成本比你付出的價格更為昂貴。

要做的事很多，許多事情都需要大家一起完成。請不要購買您不需要的東西。購物前請三思。您可以前往 patagonia.com/Common Threads，或掃描下方的 QR 碼。請您承諾加入「共同串聯行動計畫」（Common Threads Initiative），加入我們的第五個「R」：**重新構思我們的世界，讓我們只拿取大自然有能力回饋的資源。**

共同串聯行動計畫（Commn Threads Initiative）

減少（Reduce）
我們製造歷久耐用的實用配備
您不要購買不需要的物品

修理（Repair）
我們協助您修理 Patagonia 的裝備
您承諾修復壞掉的物品

重複使用（Reuse）
我們協助您幫不再需要的 Patagonia 裝備找到新家
您可以賣出或傳承不再需要的配備

回收（Recycle）
我們會收回已無法再使用的 Patagonia 裝備
您承諾不把產品丟進垃圾掩埋場或焚化爐

重新構思（Reimagine）
大家一起重新構思這個世界的樣貌，只拿取大自然有能力回饋的資源。

 加入我們的環保承諾

＊如果您在 eBay© 上賣出二手 Patagonia 產品並承諾投入共同串聯行動計畫，我們也會將您的產品一併列在 patagonia.com 上，不另外收費。

DON'T BUY
THIS JACKET

It's Black Friday, the day in the year retail turns from red to black and starts to make real money. But Black Friday, and the culture of consumption it reflects, puts the economy of natural systems that support all life firmly in the red. We're now using the resources of one-and-a-half planets on our one and only planet.

Because Patagonia wants to be in business for a good long time – and leave a world inhabitable for our kids – we want to do the opposite of every other business today. We ask you to buy less and to reflect before you spend a dime on this jacket or anything else.

Environmental bankruptcy, as with corporate bankruptcy, can happen very slowly, then all of a sudden. This is what we face unless we slow down, then reverse the damage. We're running short on fresh water, topsoil, fisheries, wetlands – all our planet's natural systems and resources that support business, and life, including our own.

The environmental cost of everything we make is astonishing. Consider the R2® Jacket shown, one of our best sellers. To make it required 135 liters of

COMMON THREADS INITIATIVE

REDUCE
WE make useful gear that lasts a long time
YOU don't buy what you don't need

REPAIR
WE help you repair your Patagonia gear
YOU pledge to fix what's broken

REUSE
WE help find a home for Patagonia gear
you no longer need
YOU sell or pass it on*

RECYCLE
WE will take back your Patagonia gear
that is worn out
YOU pledge to keep your stuff out of
the landfill and incinerator

REIMAGINE
TOGETHER we reimagine a world where we take
only what nature can replace

water, enough to meet the daily needs (three glasses a day) of 45 people. Its journey from its origin as 60% recycled polyester to our Reno warehouse generated nearly 20 pounds of carbon dioxide, 24 times the weight of the finished product. This jacket left behind, on its way to Reno, two-thirds its weight in waste.

And this is a 60% recycled polyester jacket, knit and sewn to a high standard; it is exceptionally durable, so you won't have to replace it as often. And when it comes to the end of its useful life we'll take it back to recycle into a product of equal value. But, as is true of all the things we can make and you can buy, this jacket comes with an environmental cost higher than its price.

There is much to be done and plenty for us all to do. Don't buy what you don't need. Think twice before you buy anything. Go to patagonia.com/CommonThreads or scan the QR code below. Take the Common Threads Initiative pledge, and join us in the fifth "R," to reimagine a world where we take only what nature can replace.

patagonia.com

TAKE THE PLEDGE

Human Resource
Philosophy

人力資源理念

生活藝術大師不會在工作與娛樂之間畫出清楚界線；
同理，在勞力與休閒之間、在身心之間，抑或是在教育與娛樂
之間也是一樣。他很難分辨出兩者的不同。他只會追求自己在
做的事情中最傑出的表現，讓其他人去定義他是在工作
或是玩樂。對他來說，他永遠都是同時進行這兩件事。

—— 夏多布里昂（François Auguste Rene Chateaubriand，18 世紀法國作家和政治家）

巴塔哥尼亞的工作文化起點可以追溯回修納戶外用品店。修納戶外用品是一家負責設計與生產全球最佳攀岩用品的小公司，產品的使用者則是公司員工及其朋友們。老闆和員工都是攀岩者，沒有人把自己當成生意人，我們想創造某種既好用又有趣的產品，某種員工攀岩時可以使用的兼具美觀和功能性的產品，工作滿足了我們的渴望，也滿足了我們賺錢的需要。

我們並未在產品使用者與生產者之間畫出界線，顧客的利益就等於員工的利益。此外，會攀岩的員工還擁有生產攀岩裝備的既得利益，比如我們製作巴塔哥尼亞首批服裝（橄欖球衫、起立短褲）的原因，就是為了攀岩者，而且員工對待軟性產品的態度跟鐵製產品是完全一樣的。

現在的巴塔哥尼亞當然是一家比從前修納戶外用品更大、更複雜的公司。現在縫製巴塔哥尼亞服裝的人裡有絕大部分都從未穿過這些衣服。不過，我們雇用員工的首要原則，就是要盡量多雇用一些會真正使用巴塔哥尼亞產品的員工。我們喜歡使用自己設計、生產、販賣的服裝，這樣我們才可以跟工作成品建立直接的關係。我們不會試圖「像顧客一樣思考」，而是直接作為顧客思考，當產品沒有達到我們的預期時，我們會感到失

望，反之則會感到驕傲。我無法想像一家打算製作最佳產品的公司，卻雇用了對產品毫無熱情的員工。

如果我們成立巴塔哥尼亞的主要目標是把公司當成一個行銷品或投資的機會，那這家公司的工作環境就會截然不同。公司的主要目標會變成是為老闆與投資人帶來財富。在此工作或許就很難成為最終的歸宿，反而會像是職業生涯中的一個階段而已。

我們其他的價值觀也可以追溯回修納戶外用品的起源。1960 年代與1970 年代早期，大多數攀岩者雖然都是中產階級白人，但是卻與主流的郊區文化有隔閡。他們珍視自己攀岩的時間，也重視自己與岩石、山岳之間的關係，而且比起試圖在廣大世界中取得領先，他們更喜歡在自然界中冒險。很多人都是有計畫地賺錢謀生，盡可能地少做一些工作。企業生活對他們來說毫無吸引力，那被認為是不真實、不合法，而且有害的一種生活。

巴塔哥尼亞員工擁有多樣的政治、社會和宗教信念，這是應該的。雖然不是每個人都想改變世界，不過我們希望對想改變世界的人來說，這公司就像他們的家一樣。被吸引到修納戶外用品和後來的巴塔哥尼亞公司的這些職員，要不就是擁有相同價值觀，要不就是願意與抱持這種價值觀的人一起工作。雖然從 1960 年代之後，他們的世界發生了極大的變化，不過公司依然保有過去的風格，最明顯的就是許多員工都極為重視環保，而且我們依然討厭不必要的階級制度、不用心的物質消費和消極的生活態度。

重視人才多樣性

如果你想要擁有一家公司，裡面的員工都把工作當成娛樂，而且認為自己就是公司產品的最終顧客，那你就必須謹慎挑選雇用的人員、以正確方式對待他們，而且要訓練他們以正確的方式對待其他人。否則可能某天你去上班的時候，就會發現那裡變成了你不想待在裡面的地方。

右頁圖　金・史特勞德（Kim Stroud）是我們的樣品縫製處經理，在她身邊的是不能野放的紅尾鵟。金在巴塔哥尼亞成立了一個猛禽復育機構，會收容受傷或失去父母的猛禽。義工會幫忙判斷這些鳥禽受傷與罹病的程度、讓牠們復原，然後再放回大自然中。不能野放的鳥兒則會帶去學校接受教育課程。這所奧哈伊猛禽中心每年會收容約 1,000 隻掠食性鳥類。© Tim Davis

　　巴塔哥尼亞很少會在《華爾街日報》裡打廣告、或是參加就業博覽會。我們會從非正式的網絡中找人，例如朋友、同事和業務關係人。我們要雇用的不是單純會做某份工作的人，而是最適合該工作的人，我們也不會尋找那些追求特殊待遇和津貼的「明星」。我們公司最傑出的成就都是來自團隊合作，巴塔哥尼亞的文化是獎勵全體參與者，但是很難容忍那些需要成為鎂光燈焦點的人。

　　正如先前提到的，我們也徵求巴塔哥尼亞產品的中堅使用者，也就是那些喜歡盡可能投入最多時間在山上或在野外活動的人，畢竟我們是一家戶外活動用品公司。我們不會讓商品展攤位裡的員工是一群身材走樣、穿白襯衫、打領帶、外加吊褲帶的人，就像是醫生不會允許他的櫃檯人員在辦公室抽菸一樣。如果我們成為以「戶內」文化為主流的公司，那就很難繼續生產最佳的戶外活動服飾。因此，我們會尋找那些覺得營地或河岸比辦公室更像家的背包客，如果他們擁有符合那份職缺的傑出條件，那就更好了。我們通常會大膽雇用一位漂泊的攀岩者，而不會冒險雇用一位普通的 MBA 畢業生。找一位已經抱持既定觀念的商人，讓他吸收攀岩或泛舟等運動的困難度，遠超過教導熱愛戶外活動的人去做某份工作的困難度。

中國 5,000 公里長的萬里長城是過去用來欺敵的巨型防禦設施。建造長城是為了防止異族侵入，不過他們最後還是靠賄賂守門員進入長城內。我自己則是在 1980 年時以攀越的方式闖入長城。它攀爬的難度只有 5.8 級。© Rick Ridgeway

　　我們也漸漸聘用更多專精某些技術的人。我們公司有些員工從來沒有在戶外露宿，或是從來沒有在森林裡上過廁所。但是正如我們的組織發展顧問所說，這些人都有一個共通點，那就是對他們自身以外的某些事情抱有熱情，不管是衝浪或歌劇、攀岩、園藝、滑雪、社區活動。

　　我們雇用的職員包含戶外用品店店員（數量很多）、環保運動分子、獨立設計師、花式激流泛舟表演者、記者、洗車工、釣客、編劇、畫家、高中老師、一位市法院法官和幾位勝訴律師、福音歌手、家具工、滑雪指導員、登山嚮導、風笛手、飛機駕駛員、森林巡防員、電腦狂、幾位服飾界精英，還有幾位 MBA。

　　從上列清單可以看出我們重視各方面的多樣性。巴塔哥尼亞在美國的公司，有超過 50％以上的高階管理職位由女性擔任，但在歐洲和日本我們因為諸多原因所以沒有聘用這麼高比率的女性管理者，主要是因為當地文化對此相當抗拒，加上訓練並指導優秀的女性員工成為領導者也不是公司的首要目標，但我們希望以後可以努力改善這個狀況。

　　雇用不同背景的員工可以帶來彈性思考，打開心胸接納新的做事方法，這剛好跟雇用商學院畢業、規格統一的畢業生相反，他們只學習過制式化的經商方式。一家因為與眾不同才成功的公司，就需要擁有各式各樣的員工。

　　我們雇人的速度很慢。我們能夠這麼做的原因，是因為每個職缺平均都會有 900 位應徵者。我們讓這些可能合格的應徵者與未來可能是其同事或上司的人一起面試。管理階層的應徵者常常會接受數組人的面試，面試官一次有 4 ～ 6 人不等；或者是需要在數週中來公司面試 2 ～ 3 次。

　　我們會盡量從內部徵人，好保持強烈的公司文化。然後我們會進行訓練，而且會花很多時間訓練，就像是公司未來全都寄託在這裡一樣。

　　這些徵人理念使得我們在短期內常常需要耗費額外的努力：比如空著職位直到找到正確人選、花額外的時間訓練泛舟者學會新的公關工作，或是跟語言可能不通的人一起工作。不過從長期來看，如果你希望在一個有趣、多采多姿、無法預期的環境中工作，那麼這些額外的努力都可以帶來回報。

　　上述的一切聽起來都很美好，但事實上我們跟許多公司一樣，都需要從公司外部找尋高階職位的人選，包含執行長。成長中的公司需要更專業、更老練的管理人，但基於某些原因，我們依然很難訓練、督導公司的內部員工成為這類人才，或許這是因為我們自己也仍在學習如何經營一家公司吧！

提供員工最慷慨的福利政策

　　請記住，工作必須要有趣，我們重視擁有豐富、圓滿生活的員工。我們讓工作環境充滿了彈性，從以前還在經營打鐵鋪的時候，我們就會在陽光普照、浪有 6 英尺高的大熱天裡關店。我們公司的政策向來允許員工擁有彈性的上下班時間，只要他們可以完成工作，而且不會對他人造成負面影響就好。真正的衝浪者不會「計畫」在下週二的兩點去衝浪，而是會在浪夠高、潮水和風向都對的時候就去衝浪，而且你會在有粉雪的時候才去滑粉雪！如果你不想輸別人的話，那最好趕快做好準備。因此，我們制定了「員工可以隨時去衝浪」的政策，員工可以利用這項政策去逐浪，或在下午去攀岩、去上課，或者準時回家迎接孩子步出校車。我們有許多寶貴的員工因為過於熱愛自由與運動，使得他們無法妥協於有嚴格限制的工作環境，公司的彈性政策可以留住這些員工，而且我們發現很少有人會濫用這項特別待遇。

　　我們的福利措施很慷慨，但都有經過精密地規畫，而且公司的每項福利都有商業上的考量。我們提供完整的健保，打工的員工也一樣，因為這樣才能吸引真正的運動員到直營門市工作。公司內部也提供托兒所，因為我們知道如果家長可以不用擔心孩子的安危與健全，生產力就會更高。

　　我們的太平洋兒童發展中心在 1984 年開幕時，還僅是美國國內擁有內部托兒中心之 150 所企業中的其中一所。我們的托兒所包含一個嬰兒照顧室，負責照顧八週以上的嬰兒，另外還設立了越來越多的房間負責照料從學步期到幼稚園的孩童。「孩童俱樂部」則是為學齡兒童設計的托兒所，公司會把放學後的學童接回兒童發展中心，讓父母不需要再開車去接，也不用擔心下課後的照顧問題。我們也在芬特拉和雷諾的倉庫設立了兒童發

上圖　**蜜雪兒‧葛林斯（Michelle Grinsel）到公司附設的孩童發展中心拜訪她的女兒們。**©
Tim Davis

展中心，日本總部的相關設施則正在計畫中。

　　巴塔哥尼亞托兒中心各部門員工對孩童的人數比例，遠遠超過國家標準，所有照護員都經過高度訓練，而且大部分的員工能說一種以上的語言，可以教導芬特拉和雷諾的孩童學習西班牙文，作為第二外語。

　　我們希望父母可以透過餵奶、共進午餐等方式增加親子互動，孩子隨時可以進來辦公室，公司也已經有不少父親和孩子曾經一起在午休時間睡覺。

　　兒童的早年生活是他們人生中最重要的學習時期，當他們的大腦正處於活躍的發育階段時，剛好正是發展認知功能和身體技能的最佳時機，認知功能包括培養問題解決能力、感覺統合系統、語言、情緒和社交技巧；身體技能則包括大肌肉、精密肌肉的運動技能，以及知覺技能。

　　給孩子犯錯的自由並為他們創造成功的機會，可以讓他們在身處的環境中產生自信，並加強自尊、培養獨立性格，及發展問題解決能力。戶外的探索經驗能激起孩童的學習樂趣和好奇心，而且戶外環境是室內活動無法複製的。如果孩子一天花好幾個小時泡在家裡看電視，或待在一個低品質的托兒所，將會浪費許多發展認知功能以及身體技能的機會。

　　兒童發展中心和巴塔哥尼亞公司的關係很親密。我們工作時很常聽到小朋友的笑聲和話語，孩童的聲音可能來自外面的遊戲場，或是某個跑去父母辦公桌的小孩，萬聖節時所有的孩子甚至會在整棟大樓中穿梭。某位媽媽在開會時幫小孩餵奶的景象，在芬特拉是司空見慣的，而且也常常提醒我們雖然許多人需要在工作與兒女之間做選擇，但兩者其實是可以兼顧的。我們的托兒中心一直都受到全國的關注，中心裡的照顧人員更時常收到邀請，協助其他公司建立照顧孩童的安全托兒設施。

　　小朋友對兒童發展中心有什麼想法呢？某天我走進托兒中心，向一群四、五歲的小朋友問好：「嗨，小朋友！學校好玩嗎？」

　　其中一個小夥子立刻糾正我：「我們不是在學校，我們是在工作。我媽媽在那邊工作，而我在這邊工作。」

　　這跟其他一般的小孩有很大的不同，其他小孩只覺得父母每天消失超過八小時，所以他們成長時對工作毫無概念。這也難怪每個小孩都夢想成

為如歐克立（Oakley）或 Nike 等大企業的「贊助」對象，好像工作的意義就僅只於此。

在巴塔哥尼亞，幼兒發展機構也在生產我們最棒的產品之一 —— 出色的孩子。這些小朋友由許多照顧人員照料、管理，整個小鎮也一起撫養他們，孩子的生活充滿了許多刺激，也獲得很多學習經驗。因此，當陌生人向他們打招呼時，他們不會跑去躲在媽媽的裙子後面。

有次我駕船到范寧島去浮淺和釣魚，范寧島是一個小環礁，上面約住了 300 人，以傳統的密克羅尼西亞文化生活。有人告訴我島上的年輕女孩大概在 15、16 歲就會懷孕，我覺得這很糟糕，或者說這在我們的文化中是很糟糕的，但在更深入地了解他們的文化後，我改變了想法。這些年輕女孩的寶寶會由祖父母、親近的親戚和較年長的哥哥姊姊一起撫養，年紀大一些的孩子常常在野外奔跑，全村都會幫忙看顧小孩。這種照顧體系能完好無缺地保存當地文化，而且嬰幼兒在成長的過程中也能得到非常多良好的刺激。

我們鼓勵小孩自己前進、跌倒、受傷。我們的小朋友在上幼稚園時，新老師都會表示這些小朋友是班上最有自信、也最有禮貌的小孩，以前我們還會讓小朋友一直光腳上課，直到開始有老師抱怨這些小朋友居然拒絕穿鞋上學！

我們在芬特拉的公司大約有 550 位員工，兒童發展中心內約有 62 位小朋友。公司向父母收取的托育費用比當地托兒中心要低，因為我們會另外補助父母 100 萬美元。托兒中心看起來似乎是巴塔哥尼亞的財務重擔，但其實有為我們帶來利益，因為研究顯示公司每更換一位員工，平均就要付出 5 萬美元的成本，其中包含徵人成本、訓練成本和喪失的生產力。[1]芬特拉的公司員工中有 58％是女性，而且有很多人都擔任高階管理職位，我們的托兒中心可以幫助女性在工作上更容易進步，也幫忙公司留下這些能幹的媽媽們。同時，托兒中心也激勵爸爸媽媽增進工作效率，並吸引更多的員工前來巴塔哥尼亞應徵。

我們還學到另一項教訓：如果你要成立兒童發展中心，那至少需要提供 8 個禮拜的支薪產假／陪產假（實際上，我們提供 16 個禮拜的全薪假、12 個

禮拜的全薪陪產假，以及提供給媽媽的4個禮拜無薪假）。如果不這麼做，許多不懂得如何當爸媽的年輕父母，就會趕著把小寶寶丟到托兒所，以儘快趕回工作崗位賺錢買新車或其他的東西。小寶寶剛出生的頭幾個月，父母與小孩之間的關係非常重要，而不是保母與小孩的關係重要。

　　我們重視員工的健康和他們之間的社交互動，所以公司有經營一家供應健康、有機餐點的自助餐廳。另外，大多數的洗手間都有淋浴間，讓中午去跑步、打排球，或衝浪的員工使用。

　　當然，我們也提供慷慨的員工購物折扣。對公司來說，上述的諸多福利並沒有特別昂貴，除了收費越來越高的健保。兒童發展計畫有稅金補助，可以自給自足；自助餐廳也只需要小額的公司補助。巴塔哥尼亞一直名列最適合工作的百大公司和最適合職業婦女工作的百大公司，哪裡會有人想經營一家讓人工作得很辛苦的公司呢？

Management Philosophy
管理理念

「能夠生存下來的物種不是最強壯的，也非最聰明的，
而是最能夠適應改變的。」

—— 查爾斯・達爾文（Charles Robert Darwin）

　　20 年前我們雇用了一位專精組織發展的心理學家，他說巴塔哥尼亞內部思想極為獨立的員工數量遠超過平均值。事實上，他是說我們公司的員工實在太獨立了，所以在一般公司裡可能會被視為不適任的員工。現在的情況有些改變了，因為從那時起我們開始聘用更多有專業技能的員工。

　　我們不會雇用可以任意受人指使的員工，他們不能像軍隊裡的步兵，在中士大喊：「大家上吧！」的時候，順服地衝出散兵坑向前進攻。我們不想要只會聽從指令的懶惰蟲。

　　我們理想中的員工是那種在覺得某項決策不佳時，會去質疑命令的本質的人；我們理想中的員工是那種一旦他接受了某項決策，對自己做的事抱有信心，就會像瘋了一樣竭力地工作的人，他會生產出能力範圍內最佳品質的產品，不管是襯衫、型錄、店鋪展示，或是電腦程式。要如何讓這些高度個人主義的員工一起合作，朝同一個目標前進，就是巴塔哥尼亞的管理藝術所在。

　　我們不會指使員工，所以他們必須堅定地相信自己接下的工作是正確的，或者他們必須自己去驗證事情是否正確。某些獨立的人會直接拒絕做某件工作，直到他們「了解」那份工作，或是那份工作變成「他們的想法」後，才會著手工作。更糟的情況則是以消極、攻擊的方式回應，讓你以為他會完成工作，結果卻發現他根本不會去做。相較之下，這是比較客氣但代價卻更昂貴的拒絕方式。

　　在跟我們一樣複雜的公司中，沒有一個人能完整地回答我們的問題，但是大家都各自擁有一部分解決問題的方法。大家若能經由共識做出決

左頁圖　我們對勞動家庭的支持（特別是孩童發展中心），讓巴塔哥尼亞執行長蘿絲・馬卡瑞歐（Rose Marcario）獲得歐巴馬總統的表彰。攝於 2015 年。
© Mandel Ngan/ Getty Images

策，然後同意這項決策是正確的決定，就會產生最佳的民主。以妥協為基礎的決策（像政治活動那樣）常常無法完全解決問題，因為雙方都會覺得自己受騙，或是覺得自己不夠重要。

在建立大家對行動的共識時，關鍵是良好的溝通。美國印地安部落不會因為哪個人最有錢，或是擁有操縱強大政治機器的能力，就選擇那個人當酋長；能成為酋長的人通常都是因為他有勇氣和意願去冒險，且擁有溝通技巧，這在部落需要建立共識時堪稱無價之寶。

在資訊時代裡，經理人會很想直接坐在辦公桌前管理公司，只是盯著電腦螢幕看、送出指示，而不是透過四處走動、跟別人交談來管理員工。然而，最好的經理人應該要總是不在座位上，但是有事要報告的人可以輕易找到他們，並跟他們說話。

巴塔哥尼亞的辦公室支持上述的理念。我們公司沒有人擁有私人辦公室，每個人都是在開放空間中工作，沒有門、沒有隔間，雖然我們損失了「寧靜的思考空間」，但是更佳的溝通管道、平等的氣息已彌補了損失，也遠遠超過我們的損失。群居動物和人類都可以不斷地從其他成員身上學習，所以我們的咖啡廳除了提供健康、有機的食物外，也可以作為非正式的開會場所，整天開放、方便大家使用。

這種仿效自然的辦公環境，而非從上而下的中央集權式管理，似乎會為我們帶來混亂，但事實上我們組織得很好。史丹佛大學研究蟻穴的狄寶娜‧戈登教授指出，蟻穴不受特定的螞蟻主導，也沒有中央控制系統，但每隻螞蟻都清楚了解自己的工作，能藉由非常簡單的互動方式和其他螞蟻溝通，所有螞蟻組合在一起便能成就一個非常有效率的社群網絡。

像獨裁那樣自上而下的中央集權系統，必須耗費極龐大的力氣和勞動以維持權力階級，而且所有集權體系最終一定會倒塌，徒留一片混亂。海豹部隊的軍人雖然有最高的領導者，但每個人實際上都是自主行動，他們各負任務，知道自己的工作是什麼，也知道其他人的工作內容，所以一旦領導者倒下，任何人都可以代替他完成任務。

右頁上圖　員工能在距離芬特拉總部幾個街區遠的地方享受午餐娛樂時間。© Kyle Sparks
右頁下圖　誰說穿西裝打領帶上班就會變成比較好的員工？這是身兼泛舟者、衝浪者，現在則是好萊塢替身演員及裝架工的包博‧麥道格（Bob McDougal）坐在辦公桌前的樣子。攝於 1995 年。© Rick Ridgeway

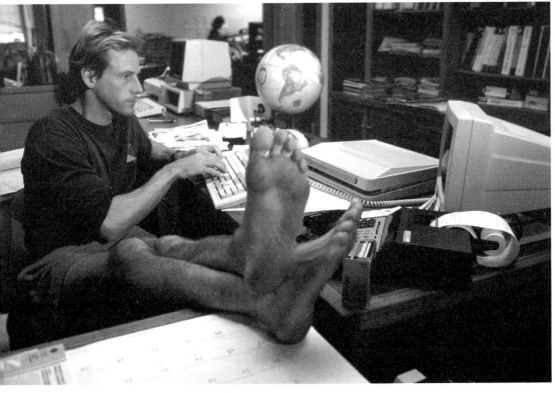

　機械修理高手布萊德・麥克凱利斯特正在認真工作。© Ciro Pena

　　當你考慮雇用管理階級的員工時，必須要了解真正的領導者與管理者之間有何不同。例如銀行會期望一位分行經理可以趨避風險（比如不得在未經高層許可前允許貸款）、會實施策略計畫，而且會讓事情按照原狀運作；這就像主廚和廚師的差別，兩者雖然都會烹煮食物，但主廚負責開發食譜、管理廚房，廚師則依照食譜烹調食物。

　　領導者則會冒險、抱持長遠觀點、會規畫策略，而且會推動改變。

　　最佳的領導方式就是以身作則。我、梅琳達和執行長的辦公空間向所有人開放，而且我們一直都努力讓大家可以找得到我們。我們沒有自己的特別停車位，其他所有高階管理人也都沒有；最好的停車位都留給省油汽車，不管車主是誰都一樣。我和梅琳達在自助餐廳買午餐時會自己付錢，否則員工會覺得揩公司的油沒什麼大不了的。

　　像我們這樣有如大家庭的公司，是靠彼此的信任在經營，而不是靠權威的規定。我發現不論我們的高階經理人或執行長何時離職，公司都不會發生混亂，員工都能照常工作，好像他們從未離開。這並不意味著領導者過去沒有做事，而是表示公司能相當自主地運作。或許有些人會利用我們的彈性時間政策，但是我們最好的員工都不會希望在沒有信賴關係的公司裡工作。他們了解我所謂的 MBA 缺席管理方式（Management By Absence），其實就是代表我信賴他們的程度，跟我想要離開辦公室的念頭一樣高。

　　我們贊同自然成長，因此也讓公司保持在容易管理的小型規模。我相信若想擁有最佳的溝通，而且又要避免官僚體系的話，在同一地點工作的理想人數不應該超過 100 人。我的概念來自一項事實，那就是民主在小型社會中似乎最有效，小型社會中的每個人都會覺得自己負有責任。在雪帕人或伊努特人的村莊中，不需要雇用清潔隊員或是消防人員，因為大家都會參與處理社區的問題；村莊也不需要警察，因為做壞事的人很難逃避周遭人施加的壓力。最有效率的城市規模應該大約在 25 ～ 35 萬人，這樣的規模大到足以擁有一個城市該有的所有文化和禮儀，但依然易於管理，例如聖塔芭芭拉、奧克蘭和佛羅倫斯。

　　伴隨成長而來的是許多的管理問題，而巴塔哥尼亞能成功的關鍵，就是我們能在這些問題間取得平衡，而且堅持雇用具備獨立思考能力的員工

的理念，同時也願意將責任交付給這些員工。每家公司都有自己理想的規模。

經典著作《小團體的創意》（Creativity in Small Groups）的作者亞歷山大・保羅・海爾（Alexander Paul Hare），發現規模在4～7人間的團體運作較民主，員工間的關係平等、互利、互助、包容性高，所以最能成功解決問題。有上百份對工廠及工作場域做的研究也都證實，把員工分成小團體後，能降低員工的缺席情況、負面情緒，並提高生產力、工作士氣，員工間的互動也會更好。這可能是因為他們能共享勞動的果實和價值，並能作為一個獨立的個體參與公司的活動，而不只是公司的機器。

雖然我與梅琳達向來都密切投入巴塔哥尼亞的領導與營運，但公司還是一直有雇用執行長。在巴塔哥尼亞40年的營運歷史中，公司曾經有過七位執行長，替換率較高的原因可以說是因為我們無法找到、留下正確的人選（或者也可以說是巴塔哥尼亞兩位親力而為的老闆無法放棄權力）。回頭看看過去，我發現每位執行長都帶來了不一樣的技能，不管他們的背景是來自零售、金融、生物、前海豹部隊，或是教育，這些技能對公司來說都十分珍貴。

不過要找到一位擅長所有事情的人，是很不容易的事。例如你雇用了某位「快速、果斷行事的大師」來縮減公司規模，但當公司一切穩定之後，他可能就不是穩定公司需要的那種執行長。而負責建立新門市的人選所擁有的技能，通常與店面開張營運後的經理需要擁有的技能不一樣；前者需要的是會宣傳、有創意的人，後者則是需要會培育員工的管理者。

有一份報告研究了美國最成功的執行長（不是那些明星執行長，而是會把工作完成、不會大肆宣揚名聲、不會每隔幾年就換工作的人），該報告發現這些執行長擁有一個共通的特質：他們都喜歡親手做事的感覺。年紀較大的執行長們甚至還保有自己在高中時改裝的車子（那時還可以自己改裝），或是車庫裡有可以打造家具的木工工作室。當水龍頭需要換墊圈，或是門關不緊的時候，他們會自己修理；當出現問題時，他們也有信心可以在透徹地思考後，自行解決問題，而不是去找「修理工人」或顧問。擔任執行長職位的時間長短，與該執行長擁有的問題解決技巧，以及和工作一起進化與成

長的能力直接成正比。

　　問題出現時，有效率的執行長不會立刻雇用顧問，因為外界人士不了解你做生意的方法，而且我也發現大多數顧問都來自失敗的企業。只有直接迎戰問題、試圖自行解決，才能預防問題再次以其他形式出現。面對問題並真正解決問題的關鍵做法，就是要不斷地詢問問題，這樣才能穿透所有的表象，直搗問題核心，這就像是蘇格拉底式的教學法，或是豐田汽車管理階層稱為「五個為什麼」的解決問題方法。

　　以下就是我們最近在日本經歷的一個典型問題。2003 年的 11 月與 12 月中，我們所有配銷管道的銷售量都下跌 30％。我們自問為什麼？當時的存貨中有 20％是蓬鬆的羽絨外套和用合成纖維填充的外套，這些外套在前一年冬天相當流行，所以我們期待 2003 年會出現一樣銷售反應，但是卻沒有。我們開始責怪自己沒有走在日本的流行尖端，但是我們還需要問更多的問題，比如我們公司其他冬季產品的銷售量也下滑了嗎？對。我們原本也可以在此打住腳步，做出結論說巴塔哥尼亞已經在多變的日本市場中退流行了，然後我們或許就會開始拋售黑羽絨外套的存貨。

　　但是我們又問了更多問題：其他公司和經銷商的情況如何呢？他們的業務也下滑了。為什麼？因為那年 11 月和 12 月的天氣不尋常地溫暖，所以沒有一家店在賣冬季服飾。因此，我們堅持下去，沒有拋售存貨。到了 1 月，天氣終於變冷了，滑雪地區也開始下雪，外套的銷售量突然上升。我們很快就賣出了寒冷天候用的服飾存貨，無需拍賣這些存貨。要不是我們自問了數項問題之後才採取行動，我們就永遠都不會知道衣服賣不出去真正的原因：其實是因為天氣不夠冷。

　　如果公司未來因為某些原因，使得銷售像 1990 ～ 1991 年那樣再次下跌，巴塔哥尼亞會採取的手段包括縮減業務、不再聘用新的人員、減少不必要的旅行，並廣泛的縮減開支。如果危機更嚴重，我們會取消並降低所有高層主管、股東的紅利及薪水、減少員工的工作天數和薪水，最壞的打算則是資遣員工。

　　一家公司的老闆和經理若希望公司能繼續營運百年，那最好要樂於迎接改變。在一家生氣蓬勃的公司中，經理人最重要的任務就是要推動改

變。強納森‧溫納（Jonathan Weiner）在其著作《雀喙之謎》（The Beak of the Finch）中，提到有人發現了保存在琥珀裡的昆蟲。這種已經存在數百萬年歷史的昆蟲，外表與現今的物種一模一樣，但是有一處很大的差別：今日的昆蟲進化出一種能力，可以在腿碰到覆有殺蟲劑的植物表面後，褪去舊腿、再生新腿。令人驚訝的是，這種能力是在第二次世界大戰之後（也就是開始使用殺蟲劑後）才進化出來的，這讓我們了解進化（改變）會在壓力下產生，而且可以產生得非常快。

美國有48％的人不相信演化和自然選擇，這些信仰虔誠的保守分子相信地球和生物都是上帝在短短一萬年前創造的。他們認為改變是一種威脅，而不是可以成長、進化到更高等級的機會。

登山也可以當成商業與生命的學習範例。很多人都不了解「如何登山」比「登頂」這件事更重要，你可以不用氧氣筒獨自攀爬聖母峰，或者你也可以雇用嚮導和雪帕人幫你背行李，讓他們在裂縫之間架起梯子，然後坐在 6,000 英尺高的固定繩索上讓雪帕人一前一後地推你拉你。只要在氧氣筒上輸入「10,000 英尺」，你就可以上山了。

某些有權有錢的整形手術醫生和執行長們，會用上述的方式攀爬聖母峰，因為他們過份執著於終點（山頂），所以他們就會犧牲過程。攀爬危險高山的目的，應該是要獲得某種精神上的成長及個人的成長，如果你犧牲了整段過程的話，就不可能獲得那種成長。

從事危險運動會帶來壓力，讓人變得更好，公司也一樣，應該要持續給自己壓力，好繼續成長。我們公司在面臨危機時，總是會盡全力做到最好。1994 年是我最為員工感到驕傲的一年，當時整家公司都動員起來，要在兩年內從使用傳統棉花改成使用有機棉花。那次危機促使我們寫下了公司理念。當沒有危機的時候，聰明的領導人或執行長就會創造某種危機，他們並不是高喊狼來了，而是用改變來挑戰員工。

游牧民族會在環境變糟時停止工作、搬離原地，但一個聰明的領導者也知道當一切都太順利，族人沉浸在愉悅裡，變得懶散時，必須催促他們移居別處，否則當危機真的來臨時，族人將沒有能力搬離。

泰迪‧羅斯福曾說：「**在愉悅的平靜和安全感中，人類的靈魂是如此**

快速地消亡。」

　　鮑伯・狄倫（Bob Dylan）也曾說：「**一個人若不是忙著生存，就是忙著死去。**」

　　當新員工進入一家文化與價值觀都十分穩固的公司時，可能會認為自己不應該找麻煩，也不應該質疑現狀。但事實正好相反，雖然價值觀應該固定不變，但是所有組織、企業、政府，或宗教都必須要擁有適應能力和復原能力，而且要可以持續吸收新的營運想法和運作方式。

Environmental
Philosophy
環境理念

那些相信在這個有限的世界中，可以用無限指數成長的人，
不是瘋了，就是個經濟學家。

—— 肯尼斯・鮑丁（Kenneth Boulding）

我對大自然的命運感到完全的悲觀。這輩子我只看到地球上所有維持健康生命所需的自然力量不停地遭到破壞。大部分我認識的環保領域科學家與深思熟慮的人，也和我一樣悲觀，而且他們相信物種（可能也包括大部分人類）正在急速地滅絕。

威爾森（Edward O. Wilson）在《生物圈的未來》（The Future of Life）中，描述大自然正在我們現居的時代中「背水一戰」。他的「行星存活指數」是一項用來衡量世界的森林環境、飲用水品質與海洋生態系統的指標，這項指數顯示人類正因為自己的所作所為而面臨危機，陷入環境問題的僵局。威爾森堅定地表示 21 世紀必須成為實行環保的世紀，如果政府、私部門和科學界不立刻開始合作，著手解決環境健康衰退的問題，地球就會失去再生能力。換句話說，我們熟悉的生活已危在旦夕。

我會感到悲觀，是因為我看到社會面對這股即將來臨的毀滅，卻毫無採取足夠行動的意願。悲觀者說：「一切都完了，不用嘗試採取行動，也別管投票了，投了也沒什麼差別。」樂觀者則說：「放輕鬆，一切都會好轉的。」我認為這兩者並沒有區別，因為他們最後的作為都一樣，還是沒有做出任何行動。

基本上，我傾向相信邪惡的影響力遠勝善良。我說的邪惡是指道德上那些惡劣、具毀滅性的事，我一次又一次地看到許多機構、政府、宗教、企業，甚至運動變得越來越邪惡，但他們其實可以輕鬆地作出善行。相信

左圖 道格・湯普金斯登上海洋守護者協會的船 —— 史帝夫厄文號，朝日本的捕鯨船丟擲
臭炸彈。© Eric Cheng

警告

撰文／伊方・修納

1992 年，「憂心科學家聯盟」（Union of Concerned Scientists）出版了一份該團體觀察世界現況的聲明。[1]這份聲明擁有全球超過 1,700 位科學家的連署，其中包含 104 位諾貝爾獎得主。這份警告的部分內容如下：

> 人類和大自然正朝著玉石俱焚的方向前進。人類活動殘酷地傷害了環境和重要資源，而且損害常常是無法還原的。如果不三思而後行，我們現在的許多舉動都會對我們嚮往的未來人類社會、動植物系統帶來嚴重危機，而且可能也會改變現在的世界，讓人類無法再以熟悉的方式生活。如果想要避免現在這種可能造成玉石俱焚的趨勢，我們就必須盡速做出根本的改變。

> 以下署名的人都是全球科學界中的資深成員，我們在此想要對所有人類提出未來的警告。若想要避免發生悲慘的人類浩劫，讓我們在地球上的寰宇之家不變得支離破碎、無法復原，那麼人類在地球上擔任萬物之靈的方式，以及人類在地球上的生活方式，都需要做出重大改革。

> 人類現在正處於第一次真正的全球危機裡，這次危機攸關人類的物種生存、可能的生存期限，以及人類的生存意義。原則上，科學家提到的問題都是可以解決的，只要我們有智慧與意願去進行明智、有遠見和迅速的行動。

對這份警告最普遍的回應，就是否認其正確性。比較聰明一點的否認方式是找藉口說我們沒有時間或專業知識，去擔心這些超出我們理解範圍的問題。而在所有否認形式的背後，其實是大家希望其他人可以找出解決辦法，或是認為科技最後可以即時拯救人類。

上圖　到海灘逃離世俗。© Jeff Devine

邪惡遠勝善良反而讓我可以保持警覺，避免重蹈覆轍、成為邪惡力量的受害者。

思索這些悲觀的想法並不會讓我難過，事實上我是個快樂的人。我對一切抱持佛家的觀點，而且已經接受有生必有死的事實。或許人類這個物種已經走完該走的路，我們該離開的時候到了，就把空間讓給其他的生命體吧，希望牠們比人類更聰明、更負責。

全球的耗水量每 20 年就會增加一倍，這個速率是人類人口成長速度的兩倍。如果這股趨勢持續下去，到了 2025 年，我們對水的需求量預計會超過目前水供給量的 56%。

我發現低潮的解決方式就是行動，而行動則是巴塔哥尼亞環保理念的基礎。因為我們進入商圈的主要原因，就是要試著讓政府和企業停止忽視環境危機，因此行動絕對不可或缺，如果我們不採取行動，邪惡一定會獲勝。

我一直都相信政府在採取正確的行動時，最重要的就是將所有計畫的基礎，建立在讓社會可以繼續維持百年的前提之上。易洛魁部落擬定計畫時看得更遠，他們會考慮到未來的七代之久。如果我們的政府也這麼做的話，就不會皆伐森林，或建造使用不到 20 年就會淤塞的水壩；政府也不會只是為了要製造更多的消費者，而鼓勵人民生育更多小孩。如果我真的相信計畫要看得長遠是正確的，那巴塔哥尼亞身為一家公司，也必須採取與這個理念相符的行動。

當我想到「領導」或「永續」時，我就會想起以前在韓國當兵的經歷。我在韓國看到農夫把糞便倒進稻田裡當作肥料，而且這些稻田都已經持續耕作了超過 3,000 年。每一代農夫都認為自己有責任要讓田地的狀況比接手時更好。然而，現代農企業的做法則剛好相反，在美國中西部，農夫會浪費大量的表土來種植一大批玉米[2]，而且汲取地下水的速度更是比注溢的速度要快上 25%。[3]

野生鮭魚的殺手 —— 水壩

撰文／羅素・恰森（Russell Chatham）

當北美洲西部的廣大河域誕生時，比如福雷瑟河、史基納河、哥倫比亞河、沙加緬度河和聖約克河（這還只是數千個河域中的一部分而已），當時這些河川中住著好幾種鮭魚，鮭魚擁有優雅的姿態、力量、神祕和動人的情感，讓某些男人如同愛上女人一樣深深對鮭魚著迷。

在內華達州最偏東北的區域裡，有一條溪叫做鮭魚溪。就在僅僅 70 年前，或許還不到 70 年前，鮭魚會在經歷奧斯特立亞的三個月旅程後回到這裡，一路逆流游過哥倫比亞河和史內克河，然後在這片平靜美好的高地沙漠溪谷中產卵、死去。可是當你今天走在這條溪旁時，會有一種奇異的失落感，可以感覺到溪中砂礫傳達出明顯的孤寂與愁慘，就像是哀慟、期盼逝去的子女能有來世的母親一樣。

並非只有這條溪有如此哀傷的命運。這股悲痛之情還延伸到了其他位於加州、奧瑞岡州、愛達荷州、華盛頓州和加拿大那些失去子女的河流之母身上，她們哀訴著無望的悲鳴，渴望看到命運多舛的孩子們，但是這些孩子再也不會回來了，因為他們已經永遠從地球表面上消失。去年，只有一隻孤單的紅鮭魚回到愛達荷州。

就在不遠的過去，當鮭魚還會游經哥倫比亞河下游時，鮭魚的數量多到根本數不清。雖然河有一哩之寬，但有時候還真的會看到某條魚被魚群擠上了河堤。

最近我曾站在邦威水壩面目可憎的擋牆旁，

那裡過去是成千上萬隻鮭魚可以自由游過的水域，我當場就了解惡魔棲息的地點在哪裡，惡魔並非住在滿是烈焰的洞窟裡，而是住在冰冷的水泥鋼筋裡。那裡是地獄的中心，撒旦在此一次又一次地殺害了這條河流和河流孕育的子女，他統治的國度中有許多小地獄，他就在這個國度中進行相同的殺戮。受阻的河流所發出的咆哮，就像是充滿恐懼與悲憤的怒吼。

我受邀加入一個委員會，也實際加入了，雖然我很清楚這麼做也只比對著暴龍揮手帕道別好一點點。我考慮過放炸彈或是找一批夜行部隊，不過那顯然只是無稽之談。

要平衡這股惡魔的力量就需要有等同的力量 —— 上帝的力量。我們都知道上帝不會存心復仇，而是願意原諒。祂說：「我要復仇。」但是當我們需要祂來地球這一側時，祂在哪裡？我們需要上帝伸出手釋放憤怒與正義的洪水，威力比克拉克托瓦火山、氫彈和史上所有閃電加總後的力量還要強上百倍，製造一次又一次的爆炸，釋放出髒汙氣體和積雲，足以讓地球暗黑一整個世紀，讓位於歐洛弗、夏斯塔、赫奇赫趣、寧伯斯、乾溪、皮爾斯博里、大古力、達爾斯、約翰迪、德華沙、邦威和其他數千地點的惡魔堡壘，被震耳欲聾、驚心動魄的大洪水摧毀成碎片。雖然或許惡魔會跟過去一樣再度出現，但至少需要多花一點時間。

　　一個負責的政府會鼓勵農民妥善管理田地，並經營永續農業。但是為什麼只有農民、漁夫，或林務員有責任照料地球、維持地球環境，讓地球適合未來數代人類與野生動物居住？

　　我只能想到幾個有努力要達成真正的永續經濟的例子，但是這些例子都只以微觀的方式進行，比如選擇性伐木和選擇性捕撈漁業，以及小規模農業。這些產業的產品基本上是陽光的產物，而陽光是免費的，所以生產成品的過程中就無需使用多餘的材料和能源（也就是沒有廢棄物），但是這種永續性的前提是產品的主要養分來源（土壤和水）不會因其他產業而受到損耗。

　　「永續」跟「美味」、「探險」之類的詞一樣，都受到濫用和誤用，所以已經變得沒有意義了。「永續發展」離永續還有千里之遙，「美味」漢堡根本不用多好吃就可以如此稱呼。韋氏字典裡所有對「探險」的定義都表示該詞含有危險之意，但是「探險之旅」幾乎都毫無危險可言。

　　18 世紀歐洲殖民前的太平洋西北部原住民鮭魚捕撈文化，就是永續生活的好例子。當時，鮭魚每年都會洄游，人們也只捕捉自己需要的分量，不會多加撈補。他們讓剩下的魚繼續游去產卵，為未來培育更多的鮭魚。原住民利用森林的方式也是永續的，因為他們會依當地的需求選擇性砍伐，而且會以適切的規模進行。

　　請比較上述的例子與現代的鮭魚漁業：現在各大海域間都穿梭著許多大型柴油動力船，漁夫捕撈各個不同種類的成魚和幼魚，某些如柯周鮭魚或鋼頭鮭魚都已經瀕臨絕種。漁民在進行大批捕撈作業時，即使有針對特定的魚種進行撈捕（例如加拿大卑詩省的福雷瑟河紅鮭魚），但是卻無法特別去區分這些紅鮭魚是來自福雷瑟河流域 20 多條溪流中的哪一條溪流。在部分支流中，溪裡只剩下幾百隻會洄游、瀕臨絕種的紅鮭魚。解決這個問題的其中一種方式，就是禁止在海洋進行商業捕撈（冰島之前就已經這麼做了），讓鮭魚洄游，然後人們可以用魚筌、魚輪和魚梁來進行選擇性捕魚，這樣可以創造出利潤豐厚的休閒漁業，而且像是鋼頭鮭魚這些非目標魚類也可以被放回河川。

　　現代的工業化林業則成為非永續農業的最佳實例。現代林業被視為農

業，因此美國林務局隸屬於農業部，而不是內政部；我們的森林也被視為作物，可以收割、重新種植，或讓樹木自行生長，然後再次收割、重新種植，就這樣無限循環下去，這就是「所謂的」可再生資源。

皆伐是最節省成本的收割方式，而且還能清除長得慢、價值低的多餘樹木，例如鐵杉和赤楊，接著再焚燒整片土地，就可重新種植如花旗松等單一作物。問題是，大自然討厭單一作物。

皆伐和伴隨著皆伐而來的道路建設（由林務局補助）會侵蝕土壤、淤塞河川、破壞鮭魚洄游，而且再生林產出的木材品質較差、樹木較易受疾病感染，例如美國西北部的花旗杉農場就受到病毒威脅。此外，開發兩次後第三次種下的林木作物將需要施灑大量的肥料，而第四次栽種是否真的能種出樹木實在令人懷疑，這類栽種方式種出的樹木根本不能被定義為「可再生資源」。

我之所以知道如何在經濟活動中達到某種程度的永續，大多是因為我曾經嘗試耕種自家的花園。我居住的土地正好是地球上 90％無法務農的土地，最多只能種些有限的牧草。我家的土壤是厚實、難滲透的黏土，為了要讓黏土鬆開，我先翻了兩次土，害我弄斷了兩支鍬子的把手。為了讓黏土更鬆軟，我必須搬很多東西，包含海灘的沙子、當地蘑菇種植場的蘑菇堆肥，還有石膏。土壤的鹼性過高，所以我必須加入硫磺。土壤也缺乏氮，所以我帶回雞隻、美洲駝和牛的糞便，外加海草堆肥，以及巴塔哥尼亞餐廳的殘渣堆肥和我家廚房中的蚯蚓皮。我還必須種植可以固氮的苜蓿和蠶豆，作為覆蓋作物。經過多年努力後，我終於可以說自己擁有肥沃的土壤，只需要每年補充一些好堆肥就夠了。但是如果這是我們唯一的食物來源，那我們一定會餓死！

經過所有上述的外力調整，現在我那 200 平方英尺的小花園或許可以說是有機的，但是仍然很難說它是永續的。事實上，我的土壤可能還缺少 500 萬個細菌、2,000 萬個真菌和 100 萬個單細胞生物，但是這一切在一小茶匙的處女表土中就可以找到了。上述所有的有機體在大自然創造健康的新土壤、進行固氮作用和從岩床釋放出維持人體健康必需的微量礦物質時，都是不可缺少的。根據英國醫學研究委員會 1991 年的研究顯示，

1940 年之後產出的蔬菜已經失去了 75％的營養素，肉類失去了 1/2 的礦物質，而水果也失去了約 2/3 的礦物質。

現代農企業發起的「綠色革命」要依賴石油，因此也是不永續的。康乃爾大學的大衛‧皮門特爾（David Pimentel）曾估算過，假如全世界都以美國的方式進食（和耕種），那我們在短短七年內就會耗盡全球已知的所有化石燃料。根據國家地理學會的資料，要養出一隻牛需要花上八桶石油。現代農業以一年一吋的速度浪費表土層，但是大自然卻需要花 1,000 年才能製造一吋肥沃土壤。在美國中西部，每種植一批玉米就要破壞大片表土，農企業也需要仰賴大量的化石燃料肥料和有毒的化學藥品，而且他們抽取地下水來灌溉土地的速度，遠遠高過地下水重新補充的速度，最後生產出來的食物卻比小規模有機栽培種出的食物數量要少。

日本農學家福岡正信在其著作《一根稻草的革命》（The One-Straw Revolution）中，說明了如何在每英畝的田地上，無須翻動土壤、淹沒田地，或使用任何化學藥品，就可以種植出與工業農業相同數量的稻米。加州生態行動組織的約翰‧吉方斯（John Jeavons）則利用生物集約農法種植蔬菜，他表示用這種方法種植出的蔬菜數量，會是使用機械化技術和化學農業技術農場的 4 ～ 6 倍。除了上述的優點，生物集約農法還只需要種植每磅穀物 33％的水量，或種植每磅蔬菜及軟皮無核水果 12％的水量，就能種出食物。4

我在自家花園中，從沒有使用過任何有毒化學肥料或人造肥料，因為我的植物都很健康，對疾病與昆蟲有天生的抵抗力。我會輪流種植作物，也混種植多種植物，讓農地具有多樣性，這樣就不會像只種植單一作物那樣吸引昆蟲和疾病。我讓上百隻燕子在屋簷下築巢，所以沒有任何一隻會飛的昆蟲可以逃過天然「空軍」法眼。

多樣性和永續性對自然生物系統極為重要，但是我並不總是很清楚要怎麼在良好的商業行動中體現這兩種特質。首先，我們假設公司需要依賴自然資源才能繼續存在，我們是這個系統的一部分，也有義務要維護這個系統，而且我們要在商業的每一個層面都實現多樣性與永續性。

在巴塔哥尼亞，我們不是只有在下班或做完固定工作後，才會去保護

一對兄弟的故事

撰文／賴瑞・科帕爾德（Larry Kopald）

再生農業的科學理論充滿了驚人的效果和改善未來的承諾，但你實際上去復育土壤時，看到土地對再生農業的回應，那才是最好的實際見證。以下就是我特別喜愛的一個例子。

澳洲一個務農家庭裡的父親過世了，他的兩個兒子將父親留下的土地一分為二。一個兒子決定沿用傳統的方式來管理農場和放牧，另一個則決定採用自然的整合型農法和再生法。他們築起圍籬，分割開的不只是土地，還包括務農哲學。幾年過後的今天，我們得到了一對真實的、並列的對照範本。

我們必須要謹記兩兄弟一開始時，擁有一樣的土壤，而且也是在一樣的氣候下耕作，這點很重要。上頭的圖片和科學數據將告訴我們一段故事：左邊是工業化土地，右邊則是用再生農法耕種的土地。你可以看到右邊的土壤顏色比較深、比較肥沃，內含的有機物也比較多，這都表示土壤能吸收較多的二氧化碳。另外，你也可以看到在採用再生農法的土地上，植物的根可以鑽得更深，這樣可以把二氧化碳送到土壤深層，創造出更健康的土壤和成長環境。事實上，數據顯示再生土地的光合作用強度（幫助植物吸收太陽能量並將之轉換為食物的作用），比用傳統方式管理的土地還要高九倍。所以從生產食物的角度來看，再生土地的生長條件是非常優秀的。

那復育土壤健康能徹底改變氣候變遷的主張呢？這對兄弟也在不經意之間證明了上述的論點。我們都還記得用傳統方式種植的土地會增加大氣裡的二氧化碳、讓氣候變遷越來越嚴重，還會減低大自然將二氧化碳帶回土壤的能力。科學家在分析採用再生農法那位兄弟的土地時，發現他每公頃土地每年的碳容量居然達到九公噸。每公頃土地每年竟然能從大氣裡吸收九公噸的二氧化碳，這不只能改善氣候變遷，對農人和放牧者來說，還能轉化成更高的產出和收益。

事實上，再生農地的牲畜「負載力」更是傳統土地的兩倍。對我們來說，這代表這塊土地能生產營養價值更高的食物。

從地球的角度來看，假設地球上有 45 億公頃的草地，如果我們都跟隨那位採用再生農法、有智慧的兒子的做法，請想像土地能吸收多少二氧化碳，並將之轉化成食物和養分。我們可以把幾十億噸的二氧化碳拉回土地，藉此徹底反轉氣候變遷。這是目前全世界擁有的最佳機會，也是巴塔哥尼亞現在擁抱的價值。

與保存自然環境，因為不管我們經營的是家具店、釀酒廠，或建築承包商，我們的環保理念都不會變。我和大多數的員工都相信地球健康是萬物的根本，而且我們所有人都有責任保護地球的健康。

我們試圖成為「最佳」公司的過程中，經歷過許多失敗和成功，這些經驗孕育了巴塔哥尼亞的理念（除了環境理念以外），大部分的理念都可以直接套用在公司經營上。從某方面來說，那些理念是經由公司內部經驗產生的。然而，我們發展環境理念的方式跟其他理念不同，我們的環境理念來自公司的外部──大自然；這個世界的環境危機過於嚴重，迫使我們必須在巴塔哥尼亞內部做出改變。我們不但減少使用紙張、電力，使用回收材料製作服裝，同時也走進現實世界，著手解決那些置大自然的未來於險境的環保問題。

任何一家跟巴塔哥尼亞一樣成功、長壽、富有生產力的公司，都可以拿自己和健康的生態環境做比較，因為從根本上來看，這兩者都容納多種元素，這些元素必須以某種平衡一起合作，整個系統才能正常運作。如果我們排出過多的二氧化碳到大氣中，導致全球溫度上升，海洋、森林、大草原和棲息在這些區域中的所有生物都會受到影響。一樣的，如果我想要大規模重整巴塔哥尼亞的某個部門，卻沒有考慮到這對公司其他部分將造成什麼影響，那麼結果將會慘不忍睹，就像沒有一個心智正常的商人，會在不考慮公司其他部門的後果之下，故意癱瘓會計部門。然而，我們卻對環境採取這種做法，摧毀或「改造」了整個生態系統，沒有考慮到地球整體的健全。

很不幸的，商業造成的大部分環境破壞，都是因為大型企業沒有用永續理念經營公司，他們忽略了企業本身的永續和環境永續。這些公司把短期的商業原則，套用到只能用長期觀點運作的自然系統中。

大自然雖然能自我修復，但是短期的商業策略仍會影響環境，新英格蘭醫學雜誌就指出 2000 ～ 2009 年的自然災難數量，是 1980 ～ 1989 年的三倍，其中有 80% 要歸因於氣候變遷，其他因地球物理現象造成的災難數量則維持穩定。在這股災難不斷增加的趨勢中，先進的災難傳播媒體發

右頁圖　氣候變遷否定派認為他們比世界上 99% 的氣候專家還要聰明，他們如果不是騙子，那就是蠢驢。怎麼會有人想投票給這些否定派呢
右圖為我們的「投給環境一票」廣告。

Your vote could finish the job.

The environment is in crisis.

This November 2nd, how we vote could determine whether American
children will, by the time they reach middle age, face life on a dying planet.
We can do better. But we don't have much time. Register. Get informed.
Vote the environment November 2nd.

Vote the environment

Check out: www.patagonia.com/vote

patagonia

Photo: © Joel W. Rogers   © 2004 Patagonia, Inc.

你的一票可以完成任務

環境正陷入危機。

今年的 11 月 2 日，我們的選票將可決定美國孩童進入中年時，是否需要居住在一顆瀕死的星球上。
我們可以做得更好。但是我們的時間已經不多。請註冊，接受通知。在 11 月 2 日為環境投下一票。

投環境一票

請看：www.patagonia.com/vote

　　關注野生動物保育行動絕對是真正激進的環保團體的宗旨。

　　荒野教會人類世上最激進的思想,比鼓動美國獨立革命的培恩(Thomas Paine)、馬克思和毛澤東都更激進。

　　荒野告訴我們:人類不是最偉大的,地球不只屬於人類,人類生命只不過是地球上眾多生命形式的其中一種,因此也沒有實行獨裁的權力。

　　沒錯,大自然有自己存在的意義,無須用人類利益來衡量。

　　自然是為了自然本身存在,為了熊、鯨魚、山雀、響尾蛇和臭鼬,以及⋯⋯人類⋯⋯因為自然就是我們的家。

——戴夫・佛緬(Dave Foreman),
《一位生態戰士的告解》(Confessions of an Eco-Warrior)

揮了它的功能。然而,我們仍舊沒有意識到人類在崩壞的地球上是脆弱的,事實上,反而還有許多公司從自然災害中獲益,他們包辦政府的救災工程,透過私人化公共事務改善了自己公司的盈虧狀況。

　　造成上述問題的根本原因是政府和企業在利用資源時都沒有使用完全成本會計,實際上,政府衡量經濟健康的指標是國內生產毛額(GDP),這個指標只計算一國當年度生產商品量的市場價值,不管水質和空氣是否乾淨、可用,土壤是否健康,也不看生態系統的多樣性或海洋的溫度。然而,公司在製做商品時使用的自然資源,都必須靠上述的自然元素來支持和維繫。更確切地說,不惜代價榨乾地球最後一滴石油已經成為一種競賽,這些行為將很有可能汙染含水土層,造成危險的漏油事件,或引起空氣污染,而且這些風險往往都真的會發生。

　　最近紐約時報刊登了一篇馬克‧彼特曼(Mark Bittman)的文章,他試圖計算一個漢堡的真實成本,這個成本包括生產過程中產生的環境外部性。如果我們想知道漢堡的真實社會成本及環境成本,那麼牛隻在哪裡飼養就非常重要,因為這關係到我們在開闢放牧牛隻的牧場時砍伐了多少的森林,以及牛隻生長過程中消耗了多少水源。馬克‧彼特曼計算出我們每年花在漢堡上的外部成本約為 700 億美元,相當於速食消費鏈每年製造出的漢堡數量,而漢堡的真實成本則是售價的兩倍。漢堡只是眾多消費品中,其中一個成本被低估的例子,我們也為此付出了極大的代價 —— 未來的地球可能不適宜我們的孩子居住 [5,6,7]。

　　熱帶雨林是地球上物種最豐富的地區,但是我們消滅雨林中生物的速度,卻遠遠快過我們發現物種,或為新物種命名的速度。先不提發現這些物種或許能以藥物或食物的形式為我們帶來何種益處,更重要的是我們不知道這些物種在生態系中扮演何種角色,更不知道假如缺少了牠們,生態系可能會遭受到多麼災難性的破壞。

　　我們都知道大自然已經遭到破壞,破壞的規模廣泛地擴及全球,並以全球暖化和氣候變遷的形式呈現。不論大自然可以如何巧妙地適應、自我治療,人類的工業 —— 特別是過去一個世紀以來 —— 都以遙遙領先大自

左頁圖　蒙大拿州冰川國家公園的大灰熊。© Steven Gnam

然適應變遷的速度在改變。當我們改變了某地的平衡，就會創造出沙漠，到了某個程度之後，我們可能會推翻全球的平衡。到時候所有試圖緩和問題的努力，都會像凱因斯那句令人難忘的名言：「有如推弦一樣徒勞無功（Like pushing on a string）。」

　　我們是可以體驗到真正荒野生活的最後一代。世界已經巨幅縮小了，對法國人來說，庇里牛斯山就是「鄉下」；對住在紐約市貧民區的小孩來說，中央公園就是「鄉下」，就像我小時候把波本克的格里斐斯公園看作鄉下一樣。即使是在巴塔哥尼亞山旅行的旅人，都會忘記山上那些看似荒野的廣大土地，其實只是過度放牧的綿羊牧場。紐西蘭和蘇格蘭的土地上曾經覆滿森林，孕育了許多久經人們遺忘的物種。在美國南部的 48 州中，距離道路或人類居住地最遠的區域就是懷俄明州史內克河的上游，但是那裡距離人煙也只有 25 英里。因此，如果你將「荒野」定義為距離人類文明超過一天腳程的地方，那除了阿拉斯加和加拿大的部分地區外，北美洲已經沒有真正的荒野了。

　　我們必須保護未受影響的荒野和生態多樣性，為生物保存最後一塊淨土，這樣人類才不會忘記真實世界的模樣 —— 地球應該是平衡的，這是大自然希望地球保有的樣貌。我們在邁向永續之際，應該要將上述的概念謹記在心。

　　生態經濟學家羅伯特‧寇斯坦薩（Robert Costanza）在《科學》雜誌最近的一篇文章中主張：「我們長期以來都在粉飾太平，忽視了大自然的價值。」

　　研究人員曾經拿維護生態系統完好所產生的經濟價值，與開發生態系統所獲得的經濟利益兩相比較。他們在評估時，特別去計算了保存泰國野生紅樹林和喀麥隆原生熱帶森林可帶來的經濟價值，以及分別將兩者改為養蝦場和橡膠種植園後能產生的經濟價值，並加以比較。[8] 結果，研究人員發現若保持自然生態完好，將可調節氣溫、形成土壤、循環營養物質，還能生產燃料、食物、木材，及藥用產品，帶來的經濟利益保守估計會比開發後高 100 倍。

　　他們更假設：「若把全球保育生物棲息地的年支出，從微不足道的

65 億美元提高到 450 億美元，足以成立大片有意義的野生保存區，這樣可以帶來多少經濟價值？」他們估計大自然將會回饋經濟體系高達 440～520 兆美元。

巴塔哥尼亞在 1970 年代初期致力於環境保護時，只是試圖防止休息時間的衝浪活動危害環境，以及阻止優勝美地的岩壁受到物理性傷害。當時我們的目標是從事乾淨攀岩，以及生產非拋棄式的高品質產品。後來，我們開始研究如何在生產產品時，把對環境的傷害減到最小。當我們越來越了解目前的危機，我們就開始著手拓展自己的努力範圍，包括糾正並收拾社會加諸在地球和自身上那些潛在且致命的環境傷害。

我們的企業使命「不造成無謂傷害」反映了上述環保理念的進化，而我們的最後一條企業使命，則是我們決心要「利用企業來激發與實踐可以解決環境危機的方法」，這是我們有史以來最重要的使命，因為環境危機惡化的情形越來越嚴重，所以巴塔哥尼亞一定要和其他公司合作，邀請更多人加入拯救地球（我們的家）的行列。

這項宣言很有野心。為了不只是紙上談兵，我們必須規畫出一套架構或一組指導方針，讓我們循道前進。因此我們創立了最複雜、最長遠的巴塔哥尼亞理念，也就是我們的環境理念。

我將巴塔哥尼亞的環境理念歸納成以下幾點：

1. 誠實地檢視自己的行動對環境造成哪些影響？
2. 積極消除產品對環境的傷害。
3. 自行課徵地球稅，補償自己犯下的錯誤。
4. 支持小型的非營利公民組織。
5. 在死亡的星球上，哪有生意可做！
6. 影響小型私人企業加入改善環境的行列。

誠實地檢視自己的行動對環境造成那些影響？

大部分的人都曾被父母和師長教導要有責任感，如果你搞砸了一件事，就得收拾乾淨。但如果事情牽涉到連帶責任，我們只是造成問題的其中一人時，責任該如何歸屬呢？可能有人會說：「沒錯，我的確持有菸草

公司一部分的股權，但我不是公司的擁有者。」可是我得說：「兄弟，不好意思，你就是名副其實的擁有者。」

　　我並非打從心底相信人性本惡，我們只是不太聰明的動物而已。沒有一種動物會蠢到弄髒自己的巢穴，除了人類之外。當然，我們更沒有聰明到可以預測自己的日常行為經過長期累積後會造成何種結果。睿智的科學家或企業家們發明、開發出新科技，卻常常無法看出那些發明的黑暗面，不管是原子能源、電視、乙醇或速食。

　　上述的問題出在缺乏想像力。不對事物感到好奇的人就不會檢視自己的生活，因此他們無法看到深藏在表面下的真相。他們常常會盲目地相信一切，變得無法接受事實，甚至不願意接受事實，這是盲目最可怕的一點。

　　我們必須了解自己對地球造成的絕大部分傷害，都是源於自身的無知；此外，因為缺乏好奇心而盲目地作出無謂的傷害將導致的後果，我們已經無法負擔。我們在揭發問題，並找出最終解決方式的過程中，不只要讓事實影響我們原先的信仰，還必須詢問更多嚴厲的問題；而且我發現只問一兩個問題是不夠的，這實際上只會導致我們擁有錯誤的安全感。

　　舉例來說，如果你想要給家人吃健康的食物，你就需要開始提出許多問題。如果你只是問：「這鮭魚新鮮嗎？」你或許會對答案感到滿意；但是如果你繼續問：「這條魚是野生的還是養殖的？」或是「這隻雞有注射荷爾蒙嗎？」或是「列在敦琪斯蛋糕標籤上的所有化學原料代表什麼意思？」你將開始接觸到真相。可惜的是，店員通常無法幫助你，你必須自己學習。

　　我們必須在巴塔哥尼亞內部採取一樣的行動。我們希望能做正確的事，不希望造成無謂傷害，但是在一開始時，我們連該問什麼問題都不知道。

　　對一家公司來說，最困難的事情就是調查自己最成功的產品對環境造成哪些影響；如果產品不好，就要修改產品，或是直接下架。請想像你是一家地雷公司的老闆，你給員工工作，也是業界最好的老闆之一，提供人們工作和福利，但是你從來沒有想過地雷到底是用來做什麼的。然後某一天，你去到波士尼亞、柬埔寨，或莫三比克，你看到了那些無辜、被地雷

人性本惡

撰文／德瑞克·甄森（Derek Jensen）

有限責任公司在 18 與 19 世紀時首度實施，目的是為了解決國家中社會與經濟系統超越了多種極限時造成的問題。

當時的鐵路公司和其他的早期公司規模都過大、過於專業，單靠公司發起人的投資無法成立或擔保一個企業。當公司失敗時（通常都會失敗），發起人的財富根本不足以補償損失，也沒有一個人有能力賠償損失。所以，法律對投資者設定了限制責任，把他們的損失賠償責任限制在可以承擔的範圍內。

有限責任讓好幾代的公司擁有人可以在經濟、心理和法律方面，忽略對毒物、漁業資源損耗和債務的責任限制。

希望企業可以用不同的方式運作，根本就是在幻想。就像是期望時鐘會煮飯、車子會生育，或是手槍會種花一樣。營利企業的職責非常特定、明確，那就是要賺得大量財富。他們的任務不是保證孩童能在不含有毒化學藥劑的環境裡成長，不是尊重原住民的自治權或存在，不是保護員工的職業健全或人格健全，不是設計安全的運輸方式，也不是對地球上的生活有所助益。企業功能更不是服務社會，以前不是，以後也不會是。

若希望企業能做一些不只是賺進大筆財富的事情，那就等於是輕視了美國歷史、現行法規、現行權力結構，及其獎勵系統。這種想法也忽略了所有已知的行為改變模式：如果我們獎勵企業的投資或是經營方式，就等於是在期望這些公司未來能繼續採取一樣的做法。期望那些躲在企業盾牌後的人採取其他行動，只是自欺欺人而已。

有限責任公司這種組織，是刻意用來區分人類本身，與人類的行動產生的影響，實際上也讓人變得非人、失去了人性。我們必須去除有限責任公司的存在，因為我們都希望住在有人性的人類世界裡，而且我們也的確希望人類能生存下去。

（本文首次刊載於《經濟學人》2003 年 3 月號，www.theecologist.org）

炸到殘廢的人們，你說：「天呀！地雷竟然會造成這種後果？」你可以選擇退出地雷產業（或菸業、速食業），或者你也可以在心知肚明自己的產品會造成何種下場的情況下，繼續經營。

巴塔哥尼亞也開始著手尋找自己的「地雷」。1991 年，我們開始進行環境評估計畫，檢驗自己的產品。正如事前所料，我們製造的所有產品都會產生汙染，但是我們在得知「永續生產」是一個前後矛盾的概念時，真的對這個糟糕的情況感到非常意外！

大多數人、政府和企業都不想詢問豐田汽車的「五個為什麼」，因為一直提出後續的問題，就可能會逐漸找出引發問題（通常都是環境問題）的真正根源，他們會因此被迫做出改變，或是無所作為但滿懷罪惡感。如果只是永無止境地改善問題的表面徵狀，反而還可以賺進財富，例如展開資源大戰，以延續我們濫用石油的生活方式，或者是研究如何用一顆藥丸「治療」癌症，而不是去研究如何省能，或去解決造成癌症的真正因素。

我的朋友芮兒・桑恩（Rell Sunn）是國際衝浪比賽的冠軍，也是史上最優雅的長板衝浪者之一。她在年僅 32 歲時罹患乳癌。芮兒回溯過去，探尋自己罹癌的原因，最後她回想到自己童年時的居住地夏威夷懷厄奈，當地罹癌的人數異常地高。她記得自己小時候會跟在小卡車後面跑，這些從田裡駛回的卡車才剛在甘蔗田中噴灑完 DDT 和其他化學藥物。那些空卡車會載滿清水，把水灑在泥土路上，避免塵埃飛揚，小朋友就會掛在卡車後方，利用車子噴灑出的毒水享受清涼。當時沒有人知道那些化學藥物會帶來什麼後果。

芮兒・桑恩在 47 歲時因癌症過世。

癌症是美國 35 ～ 64 歲女性死因的第一位[9]，每年有 23 萬個侵入性乳癌的新病例，以及 6 萬個非侵入性癌症病例。[10] 在 1940 年代，每 22 人就有 1 人有罹患乳癌的風險，現在則是 8 人中就有 1 人可能罹患乳癌，而且比例還在上升[11]，這多多少少與環境有關。但是在由化學公司與製藥公司執行長們組成的大型癌症組織中，他們把造成乳癌的環境因素的研究順位放得很低，因為持續專注於研究藥物治療、不去研究環境汙染，這些公司才能獲得既得利益。受到忽視的不只是造成乳癌的環境因素，美國國家

芮兒‧桑恩的私人天堂就是她在馬卡哈的家。她是二手商店專家，很會找稀有的家
具、夏威夷風襯衫、珠寶、日本製浮標、夏威夷的文物和畫作。她的車庫裡塞滿了
從釣魚裝備到大波浪衝浪板等等海洋運動會用到的玩意兒。© Art Brewer

芮兒‧桑恩可能是有史以來最優雅的衝浪選手。攝於 1993 年。© Tom Keck　　241

衛生院 2015 年總共有 304 億美元的預算，他們卻只撥 2.4% 給美國環境衛生科學研究院（研究環境健康的首要機關）。現今使用的 84,000 種化學藥品中，可能也只有 1% 有經過測試去確定它們是否會致癌。[12] 其實，這些公司選擇研究疾病的治療方法可能才是明智之舉，因為他們知道大家不可能會放棄「靠化學物質來獲得更好的生活」，我們更很難擺脫家中 5 萬種有毒的化學物質。

美國和很多國家一樣，在面對疾病時不採取預防原則，而是擁抱新的科技，無憂無慮地盡情使用殺蟲劑、基因改造食品、有毒塑料和其他化學物質。多數公司都秉持著「無罪推定」的心態，把檢試商品是否有害的責任推給消費者。

如果要開始經營一個有責任感的生活，最重要也最好的方式，就是要先承認自己把環境搞砸了，所以必須從解決問題做起。我們要探索得夠深，詢問夠多問題，才能發掘出自己的行動會帶來哪些後果，並領導公司前進下一條環保理念：試圖減少商業行為造成的傷害。

積極消除產品對環境的傷害

我們一直在等的人就是自己。

—— 納瓦霍人（Navajo Medicine Man）

在我們有權去督促其他公司更有責任感地經營事業以前，我們必須以身作則。領先眾人的唯一途徑就是永遠站在時代的最前端，並藉由實做經驗引領自己。

公司的環境評估計畫教育了我們，透過這份教育，我們不斷地發現更多可以做的事情。當我們積極地去解決問題，而不是忽視它或想辦法繞過問題時，我們在邁向永續的路上就又更前進一步。而且每次我們選擇做正確的事時，最後都能獲得更多的利潤，這也強化了我的信心，讓我相信這麼做是正確的。

右頁圖　如果這些聚酯塑膠汽水瓶最後的命運不是被丟棄在路邊或是垃圾場裡，那麼我們只需要 25 個汽水瓶就能製作出一件 PCR（再製消費者拋棄品）羊毛夾克。
© Rick Ridgeway

水的幻象

撰文／喬安‧多南（Joanne Dornan）

在加州廣大的中央河谷（Central Valley）裡，有一個圍繞著蘆葦和香蒲的小池塘。雖然是人工挖成的長方形池塘，但是這裡平和、寧靜，在周遭綿延數哩的工業棉花農地中有如一個友善的舒緩之處。這裡的水是死水，長達 400 英里的河谷曾經滿是星羅棋布的曲折溼地，直到水壩和運河從七大河流中汲取河水，來灌溉河谷中永不滿足的飢渴農地。

池邊站著一個男子，他手中握著一把槍，他不是獵人，也不是強盜。他是州政府雇用的員工，當有水禽接近池塘時，他就要對空鳴槍。為什麼？因為這片看似純潔、閃爍的藍色池水受到農業排放水中鹽類、微量元素和殺蟲劑的嚴重汙染，所以已經不是池塘，反而更像毒湯。如果鳥類停留在這裡，可能會因此死亡，或者產下多喙和沒有眼睛的後代。

如果灌溉、施肥和控制蟲害的措施只會汙染靜佇的池塘，那麼問題至少可以被隔離，但事實上我們根本無法隔離問題。中央河谷中數千英畝河川、溪流和河口的殺蟲劑濃度都漸漸上升，地下水也一樣。這片區域中，有許多人都仰賴地下水作為唯一的飲用水來源，而受到汙染的飲用水就代表人類的健康會受到威脅。有部分的殺蟲劑需要花上數十年才能從生態系統中消失，它們還會大幅提高罹患癌症和生育率下降的風險。

如果地球是骨頭，那水就是這星體的骨髓。根據《牛津英文字典》的定義，骨髓是「維持生命不可或缺的部分」，骨髓就是生物的精華，如同植物的木髓、水果的果肉。水雖然有很多好處，卻難以捉摸，它可以用冰、霧、雪，或泥潭的形式呈現。我們似乎能看到水，但它其實並不存在。這次我們捉弄了水，我們讓水看起來像一灘池塘，卻不是正常、自然的池塘。殺蟲劑正在汙染我們的骨髓、我們的精華。

　　從使用工業種植棉花和加工棉花，到改用有機種植的棉花，雖然是積極地往前邁進了一步，但還沒有完全解決問題。種植棉花時即使沒有使用有毒化學藥物，卻還是使用了過量的水，而且一年又一年地重複種植也會耗盡土壤的養分。製造一件襯衫需要耗掉 700 加侖的水 13,14,15，而水從哪裡來會造成極不同的後果，比如你可以在有充沛雨量的地區種植棉花，也可以從一座破壞河川生態的水庫獲得水源，這座水庫使得魚類無法洄游，還迫使上百或上千個窮人遷離原居住地。

　　因此，只從供應商這一方了解產品是否是「有機的」並不夠，我們還必須知道棉花和其他農產品的產地在哪裡。1995 年我們捨棄工業種植棉花，改用有機棉時，我們認識了種植棉花的農場主人、紡織工廠的工人，以及布料的加工者。現在因為業務規模越來越大，所以我們得靠第三方認證機構來確保我們購買的產品符合公司的要求。

　　全世界都在擷取幾個行星上的資源。我們再也負擔不起使用自然資源一次後立即丟棄的後果，即使是公司的廢水也不允許馬上排入汙水管和大海，必須一次又一次地回收利用。我們不再穿一件衣服時，通常會直接丟棄，最好的情形則是送到慈善機構，但事實上只有 10 ～ 15% 的捐獻衣物

上圖　塑膠從來不曾遠離我們，它們只會變得越來越小，最終進入食物鏈。© Jack Spratt

能轉賣，其餘的都會被丟棄。[16,17]

　　2005 年起，我們開始從客戶那裡回收以聚酯纖維製成的衣服，六年後我們全部的商品都提供回收服務。然而，我們無法收回所有的產品，因為顧客不想丟棄巴塔哥尼亞的衣服，那時我們才明白回收是處置衣物的最後手段。顧客真正需要的是維修服務，他們想要修補破損的衣服，並把不再使用的衣物傳給其他人。巴塔哥尼亞在內華達州雷諾的維修中心是全北美最大的衣服維修工廠，雇用大約 54 名員工，每年完成超過 3,000 件維修工作。此外，我們的衣物修補計畫（Worn Wear Program）還包括教導零售店員工基本的修補工序，這樣可以減少需要跨州維修的品項，並縮短客戶衣服的送修時間。我們也鼓勵顧客自行維修裝備，這樣做不會讓他們的商品保固卡失效。然而，生產一件高品質衣服也有不利於環境的一面，即衣服可能在還有很長使用壽命的情況下被閒置不用，比方人們有時會在滑雪衣還沒磨壞以前就放棄滑雪了，所以我們的責任就是把這些衣服轉給需要它的人。

　　巴塔哥尼亞也提供換購計畫，我們會從顧客的手上買回舊衣、清洗乾淨，然後再轉賣，因為舊衣的價錢比我們一般產品的價格低得多，所以有更多人能負擔衣服的價格。同時，我們會回收再製買回來的次級、低品質衣物，它們本來可能很快就會被丟到垃圾場。在巡迴各國維修商品時，我們也會送出一些有待維修的衣物，公司會提供修補所需的工具和必需品，如果有人能將衣服修好，就可以免費擁有它。我們不需要靠科技拯救舊衣，因為有時候最簡單的方法就是最有力的解決辦法。此外，根據總部位在英國的國際社會責任認證組織（WRAP）表示，一件舊衣如果能多使用九個月，就能減少 20 ～ 30％的水足跡、二氧化碳和廢料排放。[18]

　　除此之外還有更多有待完成的工作，我們必須更深入地探尋，試著製作可以重複循環使用的產品，也就是服裝要可以無限地循環使用、再製成類似的產品或相同的產品。我們必須對所有達到生命週期終點的產品負責，比如電腦製造商應該要負責處理那些無法使用的舊型電腦，因為他們在設計之初就沒有把電腦製成可維修的商品，而且電腦零件的毒性過高，所以不能丟到垃圾掩埋場。

　　承擔對產品的責任，就是指要對每件服飾或裝備背後一切的製作過程負責。所謂一切的製作過程，並非只包括不在棉花上使用有害化學物質，也不只是指在不犧牲使用效果的情況下，盡可能地多採用回收材料製作（以石油為原料的）聚酯纖維。我們應該對製作過程的每項環節負責，比如剪裁與服裝的配件、染料與最後的加工，以及服裝構成的製作方法。此外，也應該涵蓋製作產品每項元素的工廠與製造廠所造成的環境影響（以及益發增多的社會影響）。我們曾經設法消除產品個別環節產生的不良影響，以下是幾個例子。

　　在服飾業界，最棘手的問題依然是勞工是否有受到公平對待。領取最低工資的勞工中，沒有任何人的薪水足以維持生計。業界現在將努力範圍大幅拓展至提供安全的工作條件，並支付合法的最低薪資。我們則是選擇採取公平交易，提供紅利給勞工，讓他們自行決定如何花用，比如可以當作額外的薪資，或是花在社區診所或學校上，也可以用來買腳踏車以便通勤上班。

　　你越深入了解供給鏈，就能看到越黑暗的事實。20 年來，非政府組織和勞權人士一直在揭露裁縫工廠勞工的待遇，然而像孟加拉工廠崩塌導致 1,100 人死亡這類事件，卻還是有可能會再發生。直到最近，大家才開始賦予紡織廠同等的關注。我們在審核第二層供應商（紡織廠）的第一年，就發現其中一家優良供應商在販賣人口。後來，我們與該供應商密切合作，並終止了這種情況。

　　我們在減少環境影響上的進展比較好。比起公平對待勞工會提高服飾的最終成本，並出現競爭壓力，改善環境層面的影響雖然需要較高額的投資，但長期來看卻能夠減少消費、能源，與用水的成本，也可以減少製造廢棄物。我們與瑞士的藍色標誌科技（bluesign technologies）及供應商密切合作，共同辨識、分類化學物質，並特別針對染料和最終加工時所用的化學物質，區分為安全、勉強安全，或是不得使用。我們共同創立了永續成衣聯盟（Sustainable Apparel Coalition）來評估 Higg 指數（Higg Index）*，協助了數

---

* Higg 指數是成衣和鞋類產業用來衡量產品的各個製作環節，是否有符合「永續性」的測量工具。

千家工廠減少消耗量、汙染，以及溫室氣體排放，合作對象不侷限在與我們有合作關係的 50 多家工廠而已。

　　我們在葡萄牙製作所有的法蘭絨襯衫，負責服裝染色的工廠都坐落於波而圖附近的一條河畔。每家染坊都會引用河水，然後再將廢水排放回河川，因此當河水流到下游的最後一家工廠時，水已經全黑、受到嚴重的汙染。最後一家工廠必須安裝昂貴的德國設備，在使用水之前先將其清理乾淨，這家工廠更決定在把廢水排放回河川之前，為了保護環境多做一個步驟，讓廢水先經過清潔處理後再排放。這家排放出乾淨清水的染坊，就是我們選擇合作的工廠。

　　我們在 80 年代早期開始努力降低公司內部營運帶來的環境影響，當時一位維修員工問我是否知道如果在巴塔哥尼亞的每個垃圾桶中，都放入一個塑膠袋，需要花多少成本？我們一年要花 1,200 元購買一天結束後會直接變成垃圾的塑膠袋。我告訴他說不要再放塑膠袋了。但是他隔天回來告訴我，清潔隊員拒絕清理沒有放塑膠袋的垃圾桶，因為人們會丟入濕的垃圾，例如咖啡渣或食物。因此，我們發給每位員工一個個人垃圾桶，用來回收紙張，也要求大家負責將自己的濕垃圾丟到辦公室各處的個別容器中。很快的，我們開始回收了所有的紙張，大家也負起自己做回收的責任。最後，全公司都一起投入回收工作，還省下了一筆錢。

　　另一位員工則建議停止在公司餐廳和飲水機使用保麗龍杯和紙杯。員工開始使用自己的杯子，來訪的客人則會拿到瓷杯裝的咖啡。這每年又為公司省下 800 元，這些金額或許不高，但重點是每次我們試圖做有益環境的事時，最後都可以省下金錢。以上行動省下的成本還只是冰山一角而已，其他還包括在收發室重複使用硬紙板箱，每年就可以省 1,000 元；在公司托兒中心換尿布的桌子上使用回收再利用的電腦列印紙張，一年可以省下 1,200 元，此外的例子更不勝枚舉。

　　在對公司所有設備進行能源審查後，我們改用省電照明，並將幾處木製天花板重漆成白色以反光，還加裝了天窗、使用新式暖氣與冷氣科技，全部加起來共節省了 25% 的電力。我們在 2005 年安裝了太陽能面板，供給芬特拉部分辦公室的電力。雖然投資太陽能板要價百萬美元，但因為可

以退稅、電費也較低，所以應該只需幾年就可以打平成本。2005 年年底，芬特拉辦公室有 10％的電力來自於太陽能，我們希望能將這種供電模式推廣到雷諾的倉庫。

　　想找出造成公司內部問題的原因已經很難了，但當我們開始關心世界時，任務又變得更為龐大。例如我們知道傳統伐木業會破壞森林、使生物多樣性加速消失，而且會侵蝕重要的流域並引發洪水。人類清除殆盡世界上 1/3 的森林、砍伐原木，然後將土地改為農業用地，森林每年縮小的範圍就跟哥斯大黎加一樣大。[19] 熱帶雨林遭到砍伐的速度是每秒一公頃，現在已經有一半的雨林都消失了。[20] 我們可以透過活動、訴訟，或選出正確的政治家，來試圖阻止皆伐森林（特別是古老森林），但是這些做法並未直搗核心。只要人們對木製產品有需求，森林就會遭到砍伐；如果我們繼續對石油和鮪魚有需求，那麼人類終究還是會在野生動物的棲身處鑽取石油，並繼續捕捉黑鮪魚。

　　作為一家公司，我們在能改用傷害較低的材料以前，會努力降低自己對非再生資源的依賴。我們試著僅使用回收紙張和木製產品，公司所有的直營門市和辦公建築在建造時也都使用替代、廢棄的建材，我們只有在其他材料無法使用的情況下才會使用木材，而且即使我們得用木材，也會選擇再壓製木材，或來自永續森林的新木材。

　　相較之下，我們的政府解決森林規模縮小問題的方式，卻是補助伐木業和紙漿業，同時推廣森林農場，聲稱森林農場的經營方式是「永續的」。如果我們必須支付木材的真正成本，那根本沒有人會選擇用二乘四吋或二乘六吋的木材建造房屋。在歐洲，沒有一棟建築物是用木材建造的，因為木造房屋品質較差，而且政府也不會補助相關產業。

　　每家公司的環保理念都應該包括「鼓勵員工在家做環保」。舉例來說，巴塔哥尼亞既有捐贈環保議題 10％收入的計畫，也有相應的基金計畫，鼓勵員工捐錢給自己喜歡的環保團體和社會團體。為了鼓勵員工改變一個人開車上下班的通勤方式，我們透過少開車計畫（Drive Less Program）來補助騎腳踏車、搭公司接駁車和搭公共交通工具上班的同事。我們也允許員工把要回收的家庭用品帶來公司，在 1989 年，我們鹽湖城的同事們讓這

項回收行動更進一步，他們開放公司停車場作為猶他州境內的第一個回收站。

公司授權員工用各種不同層級的身分（個人、團體，或部門）去參與活動。他們有權利用上班時間參與巴塔哥尼亞的環保計畫，也可以發想新的計畫，只要他們做好日常的工作就行。

以下就是一個例子。我們在輕視環保的布希政府任期內，讓內華達州的一大片土地被公告為野生地。這次行動的起點發生在我們將倉庫從芬特拉移到內華達州的雷諾時，那時有很多芬特拉的員工決定跟著一起搬家，當他們到了內華達州，卻發現內華達雖然有面積廣大的野生地，而且其中83％都是聯邦土地，但是受到認定與保護的野生地範圍卻不大。因此，他們詳細編製土地名冊，發現有 1,200 萬英畝的土地都符合野生地的資格。於是，我們的員工從最簡單的地區 —— 黑岩沙漠開始申請野生地認定。有四位員工來告訴我們：「我想說的是，如果你可以繼續付我們薪水、給我們辦公桌，或許幾年之內，我們就可以擁有野生地法案。」他們與內華達野生地聯盟一起合作，後來，總共有 120 萬畝的野生地得到了每英畝10 美分的保護資金。在 2004 年，該聯盟又成功新增了 76.8 萬畝的野生地。

1990 年代中期，河源森林（Headwaters Forest）內數量龐大的古老紅杉林有遭到砍伐的威脅，因此有四位員工參與了拯救河源森林的抗議活動，卻遭到逮捕。這四位遭逮捕的員工是巴塔哥尼亞實習計畫的成員，我們的實習計畫讓員工可以暫離工作崗位最長達兩個月，在這段期間，他們可以為環保團體工作，而且依然擁有巴塔哥尼亞的薪水和福利。在某些情況下，若員工參與非暴力公民不服從活動，且因為支持環保議題而遭到逮捕時，公司也會幫他們付保釋金。當政府自己違反法律或拒絕執行法律時，我相信公民不服從是正確的行動。

如果問現代人他們希望留下什麼給自己的小孩，他們會說希望讓世界變得更好，希望讓孩子可以擁有自己成長時缺少的一切。但是人們卻沒有為自己期盼的美好未來做出必要的選擇。

無人採取行動的部分原因，是因為人們對自己的看法跟別人對自己的看法有差異。休旅車車主就是最好的例子，他們知道自己的休旅車是對環

境有害的座車選擇，但是他們卻說自己開車時只會短程駕駛，或是會同時搭載多人和多樣物品，合理化自己的行為。他們也會說購買休旅車是出於安全考量，雖然休旅車已經被證明是比較不安全的。此外，他們會說那只不過是一輛車。然而，其他人卻覺得休旅車車主本人才是造成問題的主要因素。美國人會做出這些有害環境的選擇，部分原因也出自我們選出的政府和這個政府制定的政策。如果政府沒有花大筆金錢補助石油，讓我們必須支付石油的實際成本，那大家就不會對休旅車產生需求，也不會有人製造休旅車。大家會選擇駕駛油電混合或使用替代燃料的車子，或是選擇搭高速的火車。我們去加油站加油時，並不需要支付傷害環境的費用，或是保護海外石油利益的成本。如果撤銷這些補助，化石燃料和再生能源的成本其實是一樣的。

人為壓低石油的價格也會影響其他產業的研究與創新。如巴塔哥尼亞這類的服裝公司，使用的是再生聚酯纖維（PCR），跟用石油製作的新纖維比起來，再生聚酯纖維的成本依然比較高。然而，隨著世界石油存量逐漸耗竭，這種低成本也為期不長了。

我這一輩的人還年輕的時候，都不知道地球的健康已經面臨危機，當然更沒有人想像得到公司某天必須要制定環境政策，就像制定財務政策一樣。一直到瑞秋‧卡森的《寂靜的春天》一書在 1962 年出版後，我們之中某些人才從一無所知中清醒過來。現在大多數美國人都知道我們正面臨環境危機，根據眾多調查顯示，有 75％的美國人表示自己是環保份子。然而，行動才能決定一個人是否為環保份子，不是自己說了算。

大家還是繼續責怪他人，說墨西哥的大家庭人口數太多、說中國人燃燒含硫量高的煤炭，或說都是「政府」要在北極圈保護區鑽取石油。但是同時，我們還是開著休旅車到處跑，像個「好國民」一樣購物消費，免得經濟重心南移。

全美洲最大的藥品零售商之一顧客價值藥局（CVS Pharmacy），在 2014 年被抓到於店內販售菸草，因此當年度的收入損失超過 10 億美元。沒錯！顧客現在還是可以到任何地方去買菸草，但再也不會到顧客價值藥局購買了。這真是太棒了！

—— 伊方·修納

大家的想法是：問題不是出在我身上，所以我也不用解決問題。除此之外，還總是為自己找理由——「如果我們不用工業種植的基因改造棉，將無法和其他廠商競爭。」「雖然用加拿大亞伯達省的油砂提煉出的原油是世界上最髒的，但如果不跟他們買，就得任憑阿拉伯人擺布。」「如果美國不把武器賣給（填入某個獨裁政體），他們還是會跟法國和俄羅斯買。」「為什麼中國和印度削減化石燃料的使用後，我們也得跟進？」

對政府領導者來說，環境問題幾乎稱不上是政治議題。選民說希望可以居住在更健康的地球上，但是在選舉時卻未獲得重視，環境議題的討論遠遠落後於其他議題如安全、保健、經濟和中產階級消失。政府正領導我們朝完全相反的方向前進，他們補助伐木、補助用傳統方法種植的棉花與其他非永續農業、開發資源與浪費石油的汽車都可以扣稅，還宣揚消費是國家經濟的根本。

當然，我們的政府機關並不是真正在鑽取石油或留下汙染的人。大多數公司都會在環保方面採取剛剛好合格的做法，公司會雇用環保律師，確定公司符合現今的法律規定，但某些法規一開始卻是那些公司幫忙制定的。更糟的是，這些公司還一直想要重新編纂法規，好減少自己該做的工作。利潤和工作才是最優先的，這些公司會把「消費者需求」當成生產有害環境的產品的理由。

如果沒有法律和監督者注意法律是否有真正地落實，那麼只有在顧客要求這些公司停止生產這類產品之後，他們才會停止，否則這些公司是不會事先停止的。砍伐老樹的伐木工人和生產民用戰鬥步槍的機工，也無法以「這都是工作」或「我只是照公司的話做」之類的藉口來逃避責任，這

就跟用古老的說法「顧客永遠是對的，我們要回應顧客需求」當藉口，解釋自己為何沒有做出正確行為是一樣的。

在產品方面，這些公司相信應該讓市場決定產品是否應該存在。但我認為，一家公司該負責的不只是把製造產品時對社會與環境的傷害降到最低，公司也要對產品本身負責。例如汽車公司會說當顧客希望他們改變時，他們就會停止生產耗費汽油的怪獸皮卡車和休旅車，但是他們卻不會教育顧客擁有休旅車將帶來的環境與社會成本。

當你走過巴塔哥尼亞公司的自有停車場和辦公室時，就可以明顯看出要說服人們採取行動是多麼困難的事。停車場中停滿了休旅車，人們身穿的牛仔褲及上衣則是用非永續纖維製作的，而且非永續纖維的種植過程還使用了有毒化學藥品。即使巴塔哥尼亞的所有人都知道這些東西有多糟糕，環保價值觀依然是需要強迫推銷的議題。我們只能希望公司托兒中心教育出的小朋友們可以做得更好。

自行課徵地球稅，補償自己犯下的錯誤

> 如果你希望過世時是最有錢的人，
> 那只需要保持精明、持續投資、不要花錢、不要用掉任何本金、
> 不要過好生活、不要更了解自己、不要捐贈任何東西、
> 把一切都留在身邊、讓自己在最有錢的情況下死去。
> 但是你知道嗎？我聽過一種說法，可以貼切形容上述的行為：
> 壽衣上沒有裝錢的口袋。
>
> —— 蘇西‧布威爾（Susie Tompkins Buell）

不管巴塔哥尼亞如何勤奮地嘗試減少公司對環境的傷害，我們做的每個動作依然會製造出某些廢棄物或汙染。所以公司的下一步責任就是要補償我們犯下的錯誤，希望有一天我們能停止製造罪孽。

在 1970 年代早期 OPEC 引發石油短缺後，日本和歐洲的工業化國家立刻就對石油課征重稅，強迫國內推動省能措施、發展更省能的產業。但

右頁圖　別對這個意志堅定的團體達成的事感到驚訝，團體裡的成員都深深地扎根於地球，圖為神聖水域保護團體（Klabona Keepers）圍成一圈在祈禱。© James Bourquin

成功拯救海斯拉人的故鄉 —— 積特洛普

　　1990 年的春天，我與鋼頭鮭釣魚嚮導麥隆·科薩克、戴維·依文斯，前往加拿大英屬哥倫比亞的中海岸地區旅行，尋找荒野、鋼頭鮭和冒險。我們在地圖上看到一條名為積特洛普的大河，這條河川在英屬哥倫比亞最長的峽灣的尾端。我們找到了天堂，積特洛普河谷中聳立著高山，還有壯麗的瀑布、古老的森林、原始的野溪，我還看到一組人員在清出道路和上岸點。作為一個伐木工人，我認為皆伐這片美好的野生河谷似乎過於褻瀆，所以我們下定決心要拯救積特洛普河谷。

　　只有麥隆·科薩克跟英屬哥倫比亞地區新生的環境運動組織有聯繫。我們知道自己需要積特洛普河谷的照片，因為我們無法用言語表達積特洛普的美好。我們必須讓英屬哥倫比亞地區頂尖的戶外攝影師麥隆，進入積特洛普拍攝空照片。那年秋天我接到麥隆的電話，他說他和戴維正帶著伊方·修納到巴克利河，伊方捐了一筆錢給環境組織。麥隆認為我們或許能說服那位修納，請他幫忙雇用一架直升機進入積特洛普。這項任務落到我頭上，幾分鐘後，我就坐在自己的小卡車裡，開車前往 150 英里外的史密澀斯，試圖請一位完全不認識我的陌生人贊助我們一大筆錢。

　　伊方回想起那天傍晚他從河裡走上河堤時的情景：「我看到一個穿著伐木工人 T 恤、滿臉落腮鬍的大漢走向我，問道：『你是伊方·修納嗎？我聽說你有捐款贊助環保活動。』我心想，天啊，又一個觀念狹隘的伐木工人，而且我穿著涉水長靴根本不可能跑贏他。」

　　我向修納大力稱讚積特洛普的一切，將其與優勝美地相比。修納在讓我冷靜下來後，問說該如何幫助我們。我告訴他說，我們需要照片——漂亮的照片，但是因為地點太偏僻，所以直升機是唯一可以拍到好照片的方法。他詢問這樣需要多少錢，我說可能要高達 4,000 美元，修納很冷靜地問道直升機公司收不收信用卡。

　　兩天後，在一個秋高氣爽的好天氣裡，麥隆、伊方和伊方的兒子一起坐直升機趕往積特洛普。麥隆負責拍照的任務，他拍攝了一系列積特洛普生氣蓬勃的照片，這些照片後來在世界各地出版。

　　不過我們不知道的是，在我們進行這些動作的同時，還有其他人也在為積特洛普努力。自古以來，海斯拉人的領土就包含了積特洛普，他們保護積特洛普的決心可追溯到幾千年前。這片看來杳無人煙的荒野是他們的家鄉，而且也是許多人的出生地。他們急著想拯救積特洛普，也跟我們一樣在摸索採取行動的方法。

　　透過國際保育組織的協助，當時還有另一個新的環保團體——生態信託基金會正在成立。生態信託判定積特洛普是地球上面積最大的臨海未砍伐溫帶雨林流域。那年夏天，生態信託（及國際保育組織）的創立人史班瑟·比博（Spencer Beebe）與海斯拉酋長傑洛德·亞莫斯（Gerald Amos）聯絡，向海斯拉人伸出援手。奇蹟即將來到積特洛普。

　　我們把麥隆的照片寄給全世界的各大環保組織，其中有一組寄給了海斯拉人，他們立刻前去

與擁有伐木權的歐洲公司（歐肯〔Eurocan〕）談判，告知他們即將陷入何種局面。麥隆的照片開始出現在生態信託的出版物、雜誌和報紙上。生態信託雇用我負責在海斯拉部落的積塔馬特村中，成立一個社區組織，我成立了那其拉機構（Na'na'kila Institute）。當海斯拉人保護積特洛普的堅決決心，與生態信託的老練智慧相結合時，出現了一股所向披靡的力量。巴塔哥尼亞對許多積特洛普地區的計畫都相當慷慨，這帶來了很多重大的影響。

　　沒有任何一個地方的社會議題與環保議題間的關係，如同積特洛普地區這般緊密。加拿大的原住民聯盟數十年來一直受到溫和的專制主義和根深柢固的種族歧視所擾，他們的生活被侷限在小到不行的保存區裡。對他們帶來的影響包含平均壽命較短、疾病、貧窮和高到嚇人的青少年自殺率。生態信託的英屬哥倫比亞省計畫主任肯．馬格利斯（Ken Margolis）決定給予援助，他選擇協助由海斯拉女性成立的全新組織「海斯拉再發現」。

　　海斯拉再發現組織有一項國際性計畫，是協助地區原住民社區在偏僻地點設置兒童營隊。這項計畫從 20 年前的海達瓜依開始，他們透過傳統智慧和長者，讓孩童重新熟悉自己的傳統文化和土地。

　　海斯拉計畫的成立緣由是因為積塔馬特村孩童的自殺率偏高不下，所以海斯拉再發現組織利用積特洛普作為孩童營隊的基地，在生態信託和那那基拉機構的大力協助下（還有巴塔哥尼亞的資金贊助），沒過多久，積特洛普內就響起了原住民兒童和非原住民兒童的歌聲。海斯拉人和積特洛普河的牽絆向來緊密，現在更是牢不可破。

　　在一場由生態信託贊助、海斯拉族主持的會議中，歐肯公司試圖進行一次史上最驚人的賄賂。該公司表示將把積特洛普地區內 50 年份的伐木工作都交給海斯拉人，這個提議的薪水總值高達 1.25 億美元，因此對人口約 700 人、失業率約有 50% 的社區來說，絕不是一件小事。但是歐肯卻驚愕地發現海斯拉族不買帳。海斯拉族表現出他們對地球的全然承諾，一口回絕了那項提案。海斯拉長者挺身對抗地方官僚、政客和林業大亨，長者們發誓如果他們敢對一棵樹下手，勢必會帶來流血衝突。在一年之內，擁有積特洛普、西福雷瑟地區伐木權的新公司，就放棄了所有對積特洛普的權利，也沒有要求賠償。這是一次完全勝利，百萬英畝的野生土地、未受汙染的河川都可永保安然。

　　在這次傑出的環保勝利中，巴塔哥尼亞慷慨地給予了所有相關組織幫助——包含生態信託、加拿大生態信託、那那其拉機構，以及海斯拉再發現。事實上，生態信託和那那其拉獲得的捐款，是巴塔哥尼亞公司有史以來最高的捐助款項，總共約 15 萬美元。除了成功拯救積特洛普之外，還有更多其他的勝利。英屬哥倫比亞省中央海岸的灰熊獵殺率得以大幅降低，那那其拉機構是最大功臣，我們還完全終止了積特洛普地區獵殺灰熊的行為。年輕的海斯拉男性經過受訓成為保育員，現在在積特洛普巡邏的則是那那其拉機構的看守人。另外還有數十位海斯拉人都在積特洛普相關計畫中找到工作。

　　積特洛普現在成為了創造當地社群行動能力的教育案例。如果沒有巴塔哥尼亞和其他環保捐款人，這類計畫就不可能會實現。這些計畫不只可以拯救野生環境，也可以深深地影響社區和人們的生活。在前述個案裡，環保主義本身就是一種社會行動。

是美國卻沒有進行類似的動作，因此我們正在付出代價。現在距離當時已有 30 年之久，美國的生活水準是當年的兩倍，但是歐洲的生活水準卻是當年的四倍。在生活品質方面，也就是測量乾淨的空氣和水、教育、保健、犯罪預防，及其他因素的部分，美國則從排名的頂端跌到第十二位。[21] 其他的國家制定了長期的能源政策，因此他們現在在生產工業產品時，所需的能源比美國公司更低。

如果美國要開始對汙染源徵稅，停止補助如石油、伐木和工業農業等消耗地球資源的工業，並對非再生資源徵稅，同時降低所得稅的話，那應該就是我們朝永續社會邁進的最大一步了。

如果我真的相信上述的想法，那麼更接近我自己的巴塔哥尼亞不但會消耗資源，也會造成汙染，我們不能坐等政府做出改變。我們必須對自己徵稅，試著利用這些錢做點好事。

我們在 80 年代早期開始撥出 2% 的稅前利潤給非營利環保團體，當我們察覺到其實有更多的問題存在，對我們補助款的需求也更高了時，我們就提高了捐助的金額。到了 1985 年，我們捐出的金額達到公司利潤的 10%，這也是減稅允許的最高額度。我們當時一直在獲利，所以那是一大筆錢，我們也會把利潤重新投資在公司中，而不是拿去當成獎金或分紅。由於我們是自有公司，所以我們可以無須向會計師或股東報備，直接採取正確的行動。當我們把捐出 10% 的利潤制定為公司政策後，公司就再也不一樣了。

1980 年代晚期，某些其他公司也制定了自己的捐助計畫，其中幾家跟我們公司的承諾一樣，都是捐出 10% 的利潤，但是某些公司的利潤有刻意壓低。在支付高階管理人員獎金和紅利之後，報表上的「利潤」都比實際更低，而且很多承諾捐出 10% 的高利潤公司，給予非營利團體的實際金額卻很少。這種做法違背了慈善事業的精神，因為慈善的意義應該是慷慨付出，而且不會找漏洞逃避奉獻。

我們認為自己有盡到該做的事，而且其他人似乎也想跟隨我們的腳步，所以我們決定提高捐助的金額。在 1996 年，我們決定捐出 1% 的營業額，也就是說不管我們該年是否賺錢，不管我們那年過得是好是壞，我

左頁圖　塔爾坦族（the Tahltan）的長者因為保護神聖水域而遭到逮捕。於加拿大英屬哥倫比亞。© Taylor Fox

們都必須付出一筆金錢。這變得比較不像慈善捐獻，而像是我們的「地球稅」，因為我們住在地球上、使用了資源，而且也是造成問題的原因之一。

全世界有超過 10 萬個非政府組織在推動生態永續與社會永續。光是在美國，就有超過 3 萬個非營利組織在解決如生物多樣性保存、女性健康、可再生資源、氣候改變、水源保育、交易法規、人口成長和野生棲息地保存等議題。這些團體成立時全部都是獨立的，沒有任何共同的組織架構，這情況清楚說明了環境危機的嚴重程度。跟只顧自己的跨國企業或政府機構相比，上述許多區域性團體都更善於解決問題。這類團體大部分都是利用最少資源、花最長時間工作的區域性團體，他們能堅持著生存下去，都是依賴著微不足道的金錢供給，例如小額捐款、慈善拍賣和糕點義賣等募款活動。

現代的慈善機構和基金會，通常會避免贊助提倡與從事激進運動的組織。這些小團體需要靠著微薄的 25 美元捐款，起身抵抗大企業和公司的律師團，面對政府裡那些抱持偏見的法官和為虎作倀的科學家。

我們 1% 的地球稅支援了多個不同的環境運動團體和組織。巴塔哥尼亞捐款的主要對象是積極拯救受到危害的河流、森林、海洋和沙漠的個人與組織。然而，我們每支援一個團體，就必須拒絕三個團體。對我們來說，這說明了環境的問題有多麼嚴重，在我們可支援的能力範圍之外，還有許多更有價值的議題需要支持。

支持小型非營利公民組織

民主在同質的小型社會中可以最成功地運作，因為每個人都必須為自己的行動負責，不能逃避。同儕壓力可以降低對警察、律師、法官和監獄的需求。你必須對自己與父母的「社會安全」負責。大家做決策時是透過共識，而非透過妥協。

從美國建立初期到 19 世紀結束為止，我們曾經擁有過三種強大的社會力量：聯邦政府、地方政府和公民民主，現在得加入第四種 —— 大型

右頁圖　1970 年湯姆‧凱德創立了非營利的遊隼基金會，圖中他正在欣賞手上的遊隼，這是遊隼基金會研究的 140 種猛禽中的其中一種。湯姆在 1954 年成為我們加州馴鷹俱樂部的創始成員，後來他到康乃爾大學教授鳥類學。再後來，他創立了遊隼基金會，負責復育美國境內即將絕種的猛禽。© Kate Davis

公司。我認為直至今日，這三者中最強大的力量一直都是公民民主。最早讓美國脫離英國統治的就是激進份子，19世紀能推動最偉大的兩項社會運動：廢除奴隸制和爭取女權，也是因為有私人慈善家贊助公民民主。

建立優勝美地國家公園並不是羅斯福總統的點子，而是激進分子約翰·穆爾說服羅斯福遣走身邊的保全人員，自己到紅杉林下露營。

因為有非裔美籍女性和孩童拒絕坐在實施種族隔離政策的巴士後方，起身對抗聯邦執法者，最後才迫使政府制定公民權法案。

反戰運動也終止了越戰。

如果你閱讀任何一天的報紙，就能發現我們這個社會獲得的大多數利益，依然是來自激進的公民組織。這些運動人士讓瀆職的政客和執行長上法庭接受審判，他們也迫使企業改善壓榨勞工的工廠、僅能販賣可永續砍伐的木材、回收製作的電腦，還有減少有毒廢棄物。

會去泛舟和捕魚的民眾努力推動拆除老舊水壩的行動，讓河水得以自由流過；馴鷹人讓遊隼免於絕種；在保護北美水禽上貢獻最大的就是獵鴨人；為數驚人的群眾甚至說服了歐巴馬總統拒絕鑰石XL輸油管線計畫（Keystone XL pipeline），這個計畫將連接加拿大亞伯達省的油砂田和德州休士頓附近的大型煉油廠以及綜合性港口。

人們可能會對「激進人士」這個詞感到害怕，因為大家會將這個詞與保護生態的抗議運動和暴力示威聯想在一起，但是我說的只是普通的公民，他們希望政府可以實踐保護空氣、水和其他所有自然資源的義務。不管是積極奮鬥、要求清理會毒害小孩的有毒垃圾掩埋場的母親們，或是嘗試保存受到城市擴張威脅的家族產業的第四代農夫們，運動人士對自己支持的議題都擁有熱情，而且足以感染他人。他們是站在最前線的人，試圖讓政府遵守自己訂下的法律，或是讓政府了解有制定新法律的需要。

這也是為何我們公司的地球稅（1%的淨利潤）主要是捐給這些人。這輩子在野外生活的日子讓我了解大自然喜歡多樣的世界，大自然討厭單一文化和中央集權。1,000個激進團體們各自處理自己認為重要的不同問題，完成的成果會遠勝單一、龐大的組織或政府。

在保護北美洲5%殘存的老森林和寥寥數條還保有健康的鮭魚在其中

悠游的河川時，你會信賴誰？林務局嗎？州政府和地區政府嗎？太平洋木材公司或惠好公司之類的企業嗎？我不會相信這些人。我唯一信賴的只有當地的小型公民組織，這些組織的成員願意在樹下靜坐數個月，或是願意挺身阻擋堆土機。我們需要河川管理員、海岸管理員、森林看守人和用鏈子把自己綁在大門上的抗議者。

　　我們捐贈給運動人士的金額向來都不小（1985～2016年之間，我們的現金捐款及實物捐贈達到7,900萬美元），但是我一直覺得公司不應該只是提供金錢給這些人而已。在巴塔哥尼亞的其他計畫及實質協助中，還包括每隔18個月舉辦一次的「運動人士會議」，我們在會議中教育運動人士在競爭激烈的媒體環境中生存時，小型團體需要的組織、商業和行銷技巧。他們常常受到孤立、感到害怕，但是又充滿勇氣和熱情，可惜大部分人都沒有準備好去面對大型企業或龐大政府手下的律師團和「受僱專家」。藉由給予他們能清楚、有效表達自己立場的能力，我們給他們的助益就如同財務支援一樣。

　　當然，我們做的某些努力會點燃保守份子的怒火。在1990年，我們與其他24家公司成為保守人士的攻擊目標，基督教行動委員會精心策劃了一項杯葛活動，原因是我們定期支持計畫生育聯盟。儘管我們收到了數

上圖　比爾・麥基班在會議上致詞，這場會議是在教導草根運動人士如何行動。
© Mikey Schaefer

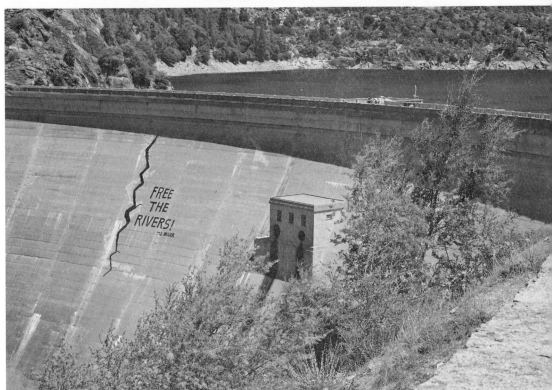

千封信件，表示他們再也不會購買我們的產品，但我們還是與其他被視為攻擊目標的公司合作（這些公司的規模都比我們大得多），共同做出一致的回應。當基督教行動委員會威脅我們說要在店門外組織糾察隊巡邏時，我們倚賴的對策是「糾察代捐」。我們表示每當店門口出現一位糾察隊員時，我們就會以那位隊員的名字捐出十美元給計畫生育聯盟。因此，他們選擇跟我們保持距離，杯葛活動也解散了。《紐約時報》說我們「很勇敢」，隨後我們也收到計畫生育聯盟擁護者寄來的數千封信函。後來在 1993 年，我們又成功地阻止了一次類似的杯葛活動，那次杯葛的目的是想破壞我們對森林保育團體的支持。

我們曾經有一些員工不贊同公司的政治信念，而且我們贊助計畫生育組織也讓他們大為不滿。我的回答是，他們不該為自己無法信賴的公司工作，不管無法信賴的對象是產品（例如香菸），或是公司利用利潤的方式。有很多新進員工詢問，為何巴塔哥尼亞大多都是捐助環保議題，因為這樣看來我們「似乎」忽略了社會問題。我告訴他們這個問題的答案可以在公司理念中找到（其實公司面臨的所有問題的答案，幾乎都能在公司理念中找到）。上述問題的答案就在環境理念之中 —— 環境理念告訴我們要專注在問題的根本原因，而不是表面的徵象。

我們支持計畫生育聯盟就是一個例子。該組織似乎專門解決社會問題，但其實他們是在解決造成環境問題的最重要原因之一 —— 人口過多。發生最嚴重的人道悲劇的國家，都是出生率最高的國家，同時也都是最貧窮的國家。這些國家之所以貧窮，是因為環境已經受到破壞，例如海地或盧安達。人們雖然僅求餬口，但也還是會砍伐樹木來當作燃料、遮風避雨，種植食物和建造家園時也會侵擾動物棲息地。窮苦的人們（特別是從農業社會大批湧進城市的人們）會汙染、濫用大自然的資源，因為他們別無選擇。他們的土壤和地下水都已消耗殆盡，河川不是已經乾涸就是受到汙染，地下蓄水層也被汲乾了。

　　當這些國家的生活品質上升時，出生率會自然下降，就跟過去已開發國家的情況一樣。但是他們必須讓土地重獲生產力，與大自然合作、而不是與大自然唱反調，否則生活品質不會改善。

　　我們應該繼續支持非政府組織，他們的主張包括要求標示基改食品、反對骯髒油管，以及抗議自由貿易協定，因為這些協定僅圖利大型跨國企業。然而，我們不應該只在非政府組織的背後支持他們，也應該和他們一起站上前線。現在，我們已經做到了。

　　隨著巴塔哥尼亞擁有的資源越來越多，公司的規模和影響力也越來越大，我們有責任親力而為，不能只是把工作留給其他團體，尤其在某些方面我們才是最有影響力的組織。

　　舉例來說，我們覺得有必要拍一部支持拆除美國老舊水壩的影片，這種對環境有害、就像無賴一樣的水壩大約有四萬座。雖然影片也可以交由大型的河流保護組織拍攝，我們只需要付一筆錢，但我總覺得如果可以找到知識淵博、有創造力的夥伴一起拍攝和行銷，我們可以做得更好。為了確保影片傳達的訊息是正確且吸引人的，我們請了一位長年研究移除水壩的生態學家，以及一組擅長拍攝有影響力故事的製片團隊。

　　巴塔哥尼亞拍攝的《水壩大國》（DamNation）在各國影展贏得不少「最佳」頭銜，總計有 150 萬人次觀賞，直接改變了觀眾對於「乾淨的」水力發電的錯誤觀念，並且在請願書上集結了 75,000 份簽名，要求拆除華盛頓斯內克河下游四座不必要且對環境有害的水壩。這部影片在國際上也具有影響力，芬蘭的議會邀請了聯合製片人麥特‧斯托克爾去演講，述說為什麼美國要移除水壩，並在一家大戲院放映我們的影片，門票全部售罄。兩天後，他們發起了一項移除水壩的表決，這個水壩位在一條貫穿赫爾辛基的河上，它阻礙了鮭魚洄流。當地民眾過去一直都在組織移除水壩的行動，但《水壩大國》徹底地改變了討論的方向，並驅使政治人物起而支持移除水壩，他們把這些功勞都歸給我們的影片。

在死亡的星球上，哪有生意可做！

> 在人類能夠充滿新意地觀察紅蘿蔔的那天，
> 就是一個革命性的時代到來的時刻。
>
> ── 保羅‧塞尚（Paul Cézanne）

在生產過程中產生最少的環境傷害的確值得讚許，但降低傷害不等同於做了一件好事。比如在一塊本來應該為窮人種植糧食的土地上種植有機棉花，就不能說有機棉對地球和社會是有益的。

巴塔哥尼亞至今仍努力減少供應鏈中的環境傷害，我對此感到很高興，但公司的成長會不會抵銷這些努力？我們是否做了太多大部分的人不需要的衣服，消耗更多的資源，超過了過去的付出？

我們可不可以因為這個問題太麻煩，就乾脆視若無睹？是否真的有一種生產模式，有利於所有人和地球？

幾年前我曾經和一位成功開創有機嬰兒食品公司的人聊天，她正為如何成為更有責任感的企業尋求建議。我告訴她不要僅滿足於提供有機商品，她必須問自己下列這些有責任感的問題，引導公司減少供應鏈中的環境傷害，包括使用的有機胡蘿蔔種類為何？產地在哪裡？胡蘿蔔是不是用化石水灌溉，並種植在一個很擁擠的沙漠農場裡？有沒有付給工人最低工資？除此之外，我沒有辦法告訴她還能多做些什麼，因為巴塔哥尼亞當時也被這個問題困住，無法突破，但現在我知道答案了。

地球上的生命面臨了諸多的威脅，其中最嚴重的威脅當屬全球氣候變遷。地球靠著一些要素成為適宜居住且獨一無二的星球，但我們卻把這些資源置於險境。

巴塔哥尼亞為了成為一間負責任的公司付出了很多努力，但如果我們沒有成為解決問題的一員，那麼所有的努力都只是徒勞。正如大衛‧布羅爾（David Brower）所說：「在死亡的星球上，哪裡有生意可做！」社會無止盡地治標不治本，大家想在繼續使用化石燃料的同時，減少二氧化碳排放量，這種孱弱、無用的嘗試讓我們走到了今天這個地步。任何邁向永續

經營的微小努力，都會被日漸增高的成長和消費抵銷。

限制二氧化碳水準不能超過 350ppm 不是個令人滿意的目標（我們目前已經超過 400ppm）。[22] 大家在氣候變遷議題上鬼混了太久，沒有做出重大的改變，所以現在起我們必須把二氧化碳排放量降至工業革命以前的水準。此外，海洋吸收了過多的酸，得花 1,000 年才能回到有利於生命成長的酸鹼值。

我們該怎麼辦呢？我們需要一個革命，而且我相信唯一可行的改革將發生在農業中。

如果我們想要解決環境危機，那我很確信人類不能繼續目前的生活方式，而企業造就了今日的社會，所以同樣不可置身事外。現在，世界最龐大的產業——食品製造業發生了世界上最急迫的危機，他們那融合了科技和化學製品的「綠色革命」辜負了所有人的期望。

農業的綠色革命得依靠基因改造種子、化學肥料、殺蟲劑和不永續的水源使用方式產出食物，但研究已經證實這樣雖然可以暫時性地餵飽更多人，卻不是環境永續的做法。它的成本包括破壞表土層；汙染天空、土地、水源；小農被取代、二氧化碳排放量增加，最終每英畝土地生產出的食物卻比用自然農法耕種還要少。許多政府會補助農人和化石燃料產業，使得工業化農業這類生產模式持續存在。

現代食物生產模式是破壞地球環境的主要罪魁禍首之一。世界上有 50％的居住地和 70％的水源用於放牧和農業經營 [23,24]，除此之外沒有任何一種產業這麼深入且普遍地影響全球，這是不可否認的事實。但至今，美國在農業議題的表現上非常糟糕，單單在我們國家，估計每年就會耗盡十億磅的殺蟲劑 [25]，而且美國農業部在國內 94％的飲用水中驗出了草脫淨（Atrazine），這是一種廣為使用的除草劑，被懷疑會干擾內分泌系統。[26] 近 150 年以來，世界流失了一半以上的表土層 [27]，富含養分的逕流流入墨西哥灣和其他海洋，造成海洋死區暴增。再者，自從工業化農業和單一耕作模式出現後，生物多樣性就急遽地減少，這種由機器和化學物質輔助的耕作方式成為了常態。

幾十年來，農人和牧場經營者看著曾經豐饒、富足的土地變得貧瘠。

現代農業為了保證產量增加，使用特有的開墾方式、種植單一作物、噴灑人造肥料和會傷害、耗損、侵蝕土壤的殺蟲劑，這些技術在使用之初就損害了土地，而且農夫要持續增加用量，否則沒辦法種出作物，因此，農夫被迫依賴這種耕作模式。

傳統上認為土壤汙染是永久性的，但有些農夫發現復原土地健康不但是可能的，而且速度還很快，只要不使用現代農業的開墾方式和灑農藥飛機，透過種植覆土作物、輪作、全面放牧和堆肥，就可以在幾年內培養出健康的土壤。比起現代農業，健康土壤耗費的水和種植成本更少，但乾旱時期的產出卻更多。[28,29]

健康土壤同時也能吸收非常多的二氧化碳。覆土作物和經改善後的放牧技術可以增強光合作用、分離出空氣中的二氧化碳並將之存入土壤，然後轉化成肥料，餵養幫助循環的細菌和真菌，並透過不整地栽培法鎖住土壤中的二氧化碳。[30,31] 土地能吸收多少二氧化碳眾說紛紜，但連最保守的估計都認為，如果全球都把現有的耕作模式轉換為改善土壤健康的種植方式，土地可以吸收完整年的碳排量。[32] 這表示我們只需要改善耕種和放牧模式，就能扭轉全球暖化的趨勢。

加州柏克萊大學的教授已經在當地少數的牧場裡做過二氧化碳實驗。他們在農場裡灑了一層半英吋厚的堆肥，發現在往後八年的實驗中，每年每公頃土壤的二氧化碳擷存量能增加1.5～3公噸。[33] 如果把這種一次性、薄薄的堆肥施灑到加州1/4牧場中，將可吸收當地3/4的溫室氣體排放量。

但有沒有可能利用再生農業吸收二氧化碳並不是解決全球氣候變遷的方法？在嘗試的過程中我們將損失什麼？我們的海洋死區會減少，因為流入海中的化學燃料和人工肥料將更少。其次，還會傷害大型化學公司、基因改造種子公司，以及從事綠色革命農業的巨頭產業的股價。速食的成本或許也會增加，因為大型商業農場失去了補助。那我們能獲得什麼呢？

我們將可以釋放百萬個有意義的工作職缺給失業的年輕人，生產更高品質、更營養的在地食物。我們可以用更少的化學物質和水源，每公頃土地的蔬菜出產量卻增加，並投入能夠復育表土層的再生農業，超越現在的有機生產模式。

巴塔哥尼亞食品公司

食品產業中有絕大的機會以及迫切的需求，必須做出正向的轉變。我們在 2013 年創辦巴塔哥尼亞食品業務（Patagonia Provisions），目標與我們所有的行動相同：製造最佳產品、避免不必要的傷害，利用業務激發出環境危機的解決方案，並且加以執行。不過巴塔哥尼亞食品業務還要更進一步，目標是透過我們生產的食物與使用的採集方式，為地球帶來助益。

巴塔哥尼亞食品業務的宗旨為尋求能修復食物鏈的解決方案。我們展開行動的方式與以往一樣：捲起袖子，盡可能地學習並取得與產品相關的所有知識。我們要比現有的最佳做法做得更好，尋找能確實建構與強化自然生態系統的方法；這些方法必須具有實際的助益，並非只是造成較少的傷害而已。就像我們原先設想的一樣，這些方法通常都是傳統的做法。

以下是三個範例：

1. 未來的漁業

我們的野生粉紅鮭魚是在華盛頓州的蘭密島以礁石網撈（reef netting）的方式捕獲。礁石網撈是美國原住民部落利用雪松木舟與雪松網來打魚的方法，歷史已有數世紀之久，這種方法能夠選擇性地捕撈豐碩的粉紅鮭魚漁獲，卻不會傷害到其他物種。雖然現在的船都變大了，也開始使用絞車來拉魚網，但是基本的捕魚技巧仍未改變。

大多數商業性捕魚都存在瘋狂的競爭與嚴重浪費，不過礁石網撈需要的卻是團隊協同合作。兩艘下錨的船要在船身之間水平張起魚網，開口朝向海流方向，另外再打開一張傾斜的魚網連向水平魚網。漁夫站在船內高塔上，查看是否有鮭魚群游進網內。待魚群游入時，團隊就拉起魚網，小心地把網內漁獲傾倒至裝有網的船艙內。隨後再將漁獲分類，把不需要的物種放回水裡。漁夫將留下的鮭魚切去魚鰓放血，放入隔離的融冰裡直到捕魚作業結束，可以開始處理、加工鮭魚為止。

這種古老的技巧製造的碳足跡最少，只會捕撈目標魚種，能避免誤捕，同時還可捕獲市面上品質最佳的粉紅鮭魚，這些技巧更保存了那片極致美好的角落裡的文化與社群。我們相信礁石網撈與其他古老的選擇性捕魚技巧，代表著未來漁業的樣貌。

2. 吸收土壤內的碳

隨著工業革命到來，我們培育食物的方式也出現重大變革。我們不再運用大自然原先孕育植物與動物的方式，而是開始製造動植物，宛如製造汽車一樣。飼育場取代了草地，化學肥料取代了自然生成的肥料。當年我們覺得健康的土壤無關緊要，於是濫加犁地耕種。現在聯合國表示人類已經殘害了地球上超過 3/4 的土壤，如此行為

方式飼育動物的大牧場有何不同。初步結果顯示，歐布萊恩牧場每公頃土壤所吸收的碳量會多出10公噸之多（或是換算成每英畝多吸收了約4公噸）。北美大平原面積為 1,800 萬英畝，全球的牧場土地面積則為 35 億英畝，若利用畜牧復原土壤，可望從大氣層中消除數十億公噸的碳，或許就可在我們的有生之年逆轉氣候變遷的情況。

3. 超級小麥「肯薩麥」（Kernza） 能餵飽我們並拯救土壤

肯薩麥是歷史悠久的多年生植物，科學家希望能把它打造成可實際幫助治療地球的全新穀類，並為同樣擁有療癒地球能力的穀物開闢出一條路。肯薩麥是種禾本科植物，它的種子跟低麩質小麥很類似，但營養比現代小麥更高，而且肯薩麥與玉米或現代小麥不同，即使是冬季也能在土地上生長。這意味著它需要的肥料和殺蟲劑都較少，耗費的犁地與種植作業也就較少。

肯薩麥最重要的特質在於它與土壤的連結關係。其根系密集，可深入土中至少 10 英尺，因此不只能吸收水、氮與磷，也能固定住土壤，避免土壤遭到侵蝕。肯薩麥的根系較深，所以還能耐旱，在預期未來水資源將越來越稀有的情況下，耐旱是極重要且有利的種植條件。

根據土地協會（The Land Institute）的科學家李‧德漢（Lee DeHaan）表示，肯薩麥能「建立土壤品質，帶走大氣中的二氧化碳」，這正是協助逆轉氣候變遷因素的方式。

目前我們與土地協會和明尼蘇達大學合作，開發多種將肯薩麥穀粒用於食品中的方法。我們也和舊金山塔爾庭烘焙坊的查德‧羅伯森以及斯卡吉特谷麵包實驗室（Bread Lab）的史蒂夫‧瓊斯合作，研究其他種多年生小麥，以及最道地的美國式穀類：蕎麥。

可能也意外造成了氣候變遷。

動物對健康土壤而言至關重要。過去在北美大平原上有 300 萬頭美洲野牛（如今有約 100 萬頭），牛蹄會踏踩頂層的土壤，將其磨細；持續遷移的牛群也會吃掉高長的野草，野草又會吸收、利用空氣中的碳，依循自然法則再度生長。當時的北美大平原可以吸收碳，但如今，碳卻在我們的頭頂上縈繞不去，讓地球的溫度不斷升高。

如果我們能恢復野牛的數量，仿效自然界的方式養育野牛的話，情況會是如何呢？我們能否讓大氣的含碳量再度下降到原先的水準呢？

一句話，絕對可以。事實上，巴塔哥尼亞食品業務目前正在協助野點子犛牛公司（Wild Idea Buffalo Company）的丹恩‧布萊恩和潔兒‧歐布萊恩的研究，該公司養育野牛以製成肉乾。他們會測量自有土地上被土壤重新吸收的碳量。我們與地下碳組織（The Carbon Underground）和應用環境服務（Applied Environmental Services）合作，進行了數百次土罐取樣，比較其土壤與周邊使用工業

這是一場很重大的改變,但在達到目標以前,我們還有太多的工作要做。我想成為其中的一份子。我們得知到 2050 年時,這個飢渴的世界將需要再多生產 50％的食物。我們發現自己有機會協助領導未來的食物革命,也必須成為革命的一員。因此,2013 年我們創辦了一間以巴塔哥尼亞為名的食品公司(Patagonia Provisions),這家公司的價值觀和巴塔哥尼亞的服裝部門一樣。巴塔哥尼亞食品公司集結了一組小型的「海豹部隊」,裡面包含植物遺傳學家、漁業生物學家、農夫、漁人和把烹調出最高品質食物當作目標的主廚。

我們都知道土壤的種類、氣候、陽光曝曬量會大大地影響釀酒葡萄的品質,這些因素對蔬菜和穀物是否也同樣重要?為什麼有機蘿蔔的營養程度總是比工業種植蘿蔔多幾個百分比?其中一個不能說的祕密理由在於它的產地。使用再生農法種植蘿蔔,即意味著必須在適當的地方種植,以充分提高食物的整體品質,就像我們在復育表土層時所做的一樣。

我相信食物革命已經開始了,借大衛‧布羅爾之言,革命是透過「轉過身去,向前邁進一步」的方式進行。換句話說,我們必須用過去主流的農法耕作,如有機耕種、生物動力農業(biodynamics)和穀物輪作。巴西的農夫會用馬糞和豆莢施肥,讓玉米和小麥的產量翻倍。華盛頓州麵包實驗室(Bread Lab)和堪薩斯州土地研究所中的科學家重新發現了多年生小麥、遠古麥等品種,可減少灌溉用水、降低表土層的耗損。慕尼黑工業大學近期的研究也顯示若使用有機農法,每單位產出所排放的溫室氣體比傳統農場少 20％。[34] 美國羅代爾研究室(The Rodale Institute)發現有機土壤吸收的二氧化碳,比釋放的來得多 [35],而且如果所有的農地都轉用再生農法耕作,土地將可以吸收每年 40％的二氧化碳排放量;若全部的牧地也轉用再生農法,將可吸收每年 71％的二氧化碳排放量。[36] 有鑑於全球氣候變遷、旱災增加、化石燃料供應急遽減少,我們必須在這樣關鍵性的時點,重新思考地球的農耕策略。

在漁業方面,我們也必須回到古老的選擇性捕撈作業方式。以鮭魚為例,在公海中,瀕臨絕種的鮭魚和數量上較健康、永續的鮭魚品種混和在一起,因此我們可以選擇到能確切知道鮭魚品種的海域捕撈漁獲。此外,

我們還能致力於拆除水壩，阻止在開放海域從事養殖漁業，斷絕鮭魚孵化場，因為一條悠游著許多野生鮭魚、自由流淌的河流，可以用最低的成本生育更多的鮭魚，同時保護河岸的生態。

在畜牧方面，我們同樣必須採用過去的飼牧方式。在工廠化集約飼養、越來越多的荷爾蒙和抗生素主導家禽產業以前，我們曾經用過更簡單、健康的方式生產餐桌上的肉品。自由且有機地放牧家禽可以產出更有營養的肉、減少溫室氣體排放，並讓動物擁有更自然、有尊嚴的生命。在某些案例中，如自由漫步於草原的美洲野牛，甚至能幫助恢復野外的生態系統。

如果我們可以在農耕、漁業、畜牧三方面回溯過去的生產方式，就可以在以下三個方面獲得成果：第一，我們可以生產出滋味更好、對身體也更健康的食物。第二，失業可以減少，科技迫使好幾個世代的人背井離鄉，世界卻極少提供這些人有意義的工作，導致衝突不斷。第三，我們有很好的機會利用有機農業和負責任的耕種方式拯救地球。

然而，一個製造衣服的公司哪裡懂得如何生產食物？這是我聽過的諸多質疑中最好的問題。我得誠實地承認，在設立巴塔哥尼亞食品公司之初，我們對製造食品真的所知甚微。但我也想起 40 年前成立巴塔哥尼亞時，我們曾經面對過同樣的問題 —— 一群登山家哪裡懂得製造衣服？當時我們對製衣也是一無所知。

但是，經過幾年後，我們發展出一套行為準則，套用在回溯衣服原料、製造和銷售上。過去我們也是在投入衣服製造業以後，才了解什麼是有機棉花、美麗諾羊毛、如何利用回收的汽水罐製成衣服纖維，以及如何人道地採集羽毛。所以成立巴塔哥尼亞食品公司，意味著我們要再次捲起衣袖、盡可能地學習和工作。

巴塔哥尼亞食品公司肩負著特別艱鉅的任務，但我們也不期望能在一夕之間改變整個食品製造業。我想，如果我們能把整個產業的方向導正，就能幫助大家把更嶄新的技術應用在最原始的食物生產流程上。這是我們唯一的希望，也是我們投入的所有計畫中最重要的項目，我們甚至可能因此拯救了整個世界。

影響小型私人企業加入改善環境的行列

當我與梅琳達決定留在業界時，我們自己面對了一項挑戰：我們經營的公司能夠帶來極大益處、少量傷害嗎？我們能夠把公司變成一個典範，足以實現個人無法完成的改革嗎？環境危機的規模對一家公司來說實在太大，對百家公司來說也依然太大。

我們不去幻想大型公開公司會為了自身利益，突然變得負責任了，除非法條強制要求企業負起責任，或是有人證明環保行動有利於股東。否則就我所見，這些公司只是致力於「漂綠」——表面上改邪歸正，實際上卻反環保之道而行。

你若去察看那些「漂綠」企業的社會責任報告，會發現他們有捐錢給交響樂團，並開始回收塑膠製品，但報告中卻沒有提及他們汙染了幾萬英畝的非洲尼日河三角洲，以及去年繳交的稅賦是零。

因此，巴塔哥尼亞真正想要影響的是小型的私人企業，裡頭有上萬個年輕人，他們都希望有朝一日可以擁有自己的小型農場。我們若能一起合作，就能創造出我們需要的改變。

右頁圖　紅鶴已經在野外生活 50 多年。牠們在智利巴塔哥尼亞公園的淺湖裡，找到了安全的棲身港灣以及足夠的食物。© Linde Waidhofer

基金會應該捐出全部的資產

撰文／伊方・修納

　　基金會會透過捐款給行動主義者來解決環境問題的迫切性，但在這個過程中，基金會本身與基金會扮演的角色會引發一些問題。根據法律規定，基金會每年必須捐出至少5%的資產。2001年在美國，基金會捐出了近300億美元。[37] 這是一筆可觀的金額，但考量到大多數問題的急迫性，加上幾乎所有問題都涉及環境因素，照如今環境正迅速受創的情況來看，立即捐出所有資產似乎更為合理。

　　大多數基金會的成立理由都是要證明創辦人的財富與人格，因此通常會指示基金會需永久留存。然而，現在有一個強烈的理由指出基金會應該捐贈得更多，甚至應該捐出所有資產並關閉基金會。就像任何隨時間累積的投資一樣，立即捐贈時所實現的利益價值，可能比未來捐贈更大筆金額時的價值更高，這正適用於目前所有急速惡化的環境問題。

　　基金會隨著時間逐漸變得保守，大型基金會更是如此。如果基金會擁有財富，也做了承諾，就該考量自己應該如何成就最大益處。如果基金會的宗旨是將財富轉化為社會問題的解決方案，那麼將捐贈價值提高到能實際解決問題的程度，也是合理之舉。而且如此一來，創立人就可在有生之年看到自己的捐贈有正向的成果。

捐給地球 1%商業聯盟

1999 年某個秋日午後，我正在史內克河的亨利斯支流用毛鉤釣魚，我身邊則是克雷格·馬修斯（Craig Mathews），他是藍絲帶毛鉤店的老闆，他的店位於蒙大拿州西黃石。我們當時正在討論自己對一些事情的體會，除了我們知道自己的公司都要依賴地球上的自然環境外，我們也都相信健康的大自然是人類生存的必要條件。基於上述兩項理由，我們都透過自己的公司支持地區環保組織，雖然我們也預料到支持這類爭議話題可能導致顧客疏離我們。然而，當我們提到兩家公司的「激進」立場反而會提高業績時，我們的對話也來到了轉折點。業績提高似乎不是單純的巧合，也應該不是我們突然憑空吸引了更多運動人士來購買我們的產品，而是有別的因素在運作：顧客想要支持那些不只堅持環保，還會贊助運動人士的公司。

在 2001 年，馬修斯和我成立了一個組織，名為「捐給地球 1％」，這個企業聯盟承諾至少捐出 1％的營業額給積極保護、復育自然環境的行動。「捐給地球 1％」這個組織也專門提供資金給地區環保團體，以提高他們的效率。「捐給地球 1％」的目的是資助各個不同的環保組織，讓他們共同成為一股更強大的力量，以解決世界的問題。

聯盟的運作方式如下：聯盟下的每間公司都會捐出 1％的年營業額（可抵稅），將這筆錢捐給非營利的環保組織。聯盟成員可以從「捐給地球 1％」核准的註冊組織清單中選出欲捐贈的團體，接著直接將捐款贈與該團體，這樣可以簡化決策過程、減少官僚化，而且也能鼓勵成員公司與其支持的團體建立獨立的關係。

擁有了上述的合作關係後，成員公司就可以利用「捐給地球 1％」的標誌，向顧客傳達自己的環保決心。這個標誌可以讓顧客輕鬆辨認出哪些公司有真正地投入環保承諾，哪些公司則是把環保作為綠色行銷的手段。加入「捐給地球 1％」就說明該公司了解環境是地球上一切生命的根本。所有物種（包括人類文明在內）若希望能擁有未來，健康的環境也是不可或缺的。

我們選擇捐出 1％的營業額是因為營業額是一個「固定的」數字，不會受到可變動的利潤影響，而且也可以將我們與其他利用綠色行銷推銷產品的公司區隔開來。一家公司若說自己捐出了「營業額或利潤的一個百分點」，這種模糊不清的發言毫無意義；因為那可以是一元，也可以是 100 萬元。而捐給地球 1％則是代表「至少」捐出 1％，你可以捐得更多；組織的共同發起人藍絲帶毛鉤店雖然只是一家小店，卻捐出了 2％。

請想像如果總統提議在你下次繳交所得稅時，稅單背面會有欄位讓你填寫「我希望 15％的稅金用在這裡，另外 10％則用在那裡」，那人們一定會把握機會，表達自己希望將稅金用在哪裡。但是，你現在並沒有表達的權力，若你支持的政黨未執政時更是如此。但是如果你先對自己課稅——也就是用捐款給運動人士的形式，那你就可以決定金錢的使用方向了。

我們之中沒有多少人相信政治家或企業大亨可以領導我們逃出這波有如天啟的環境崩壞。要逃出的話就需要革命，而革命是不會從上頭開始的。「捐給地球 1％」是向自己課徵資源使用稅，也是一種保險策略，讓我們未來依然可以經營商業。摩門教徒捐出 10％的收入給教堂時能獲得達成感和滿足感，我希望其他公司可以捐出 1％給環境，並獲得和摩門教徒同樣的達成感和滿足感。另外，摩門教徒的捐獻也可以確保自己在失去農場時，教堂會照料他們。

對我來說，解決世界問題的方法很簡單：我們必須行動，如果我們自己不行動，那就需要掏出錢包。寫下第一張支票時是最可怕的一刻，但是你知道嗎？隔天的生活一樣會繼續：電話依然會響，桌上依然有飯菜，但世界變得更好一點了。

就像甘地說的一樣：「你自己必須成為你想在世界上看見的改變。」

上圖　莫羅・馬佐、克雷格・馬修斯和伊方・修納。© Tim Davis

Turn Around and Take a
Step Forward

結語

> 隨後，製造精密器械的商人出現了，
> 他們就是所謂的戶外運動商品經營者。他們提供美國戶外活動
> 愛好者不計其數的新奇裝備，原本這些設計只是用來輔助自己，
> 或作為木工、射擊、勇氣的輔助品，但現在卻成了替代品。
> 口袋裡、脖子上、皮帶間，隨處可見那些裝備，
> 就連貨運卡車和拖車裡也塞得滿滿的。
> 所有的戶外裝備都朝更加輕便、優良來發展，
> 但把所有的裝備集合在一起，卻成了一項驚人的負擔。
> —— 阿爾多·李奧帕德（Aldo Leopold），《沙郡年記》（A Sand County Almanac）

　　禪師會說若你想要改變政府，就需要以改變企業為目標；若你希望改變企業，那首先就需要改變消費者。咦，等等！消費者？那是我耶。你說我才是需要改變的人？

　　消費者最初的定義是：「透過使用、浪費，或貪婪花費來進行破壞或耗損的人」。

　　如果全球其他國家都以美國人的消費速度來購物，那我們需要七個地球才夠用。我們在購物中心買的商品中，有90％都會在60～90天內出現在垃圾堆裡[1]，難怪我們的稱謂再也不是公民，而是消費者。消費者這稱謂很適合我們，美國的政客和企業領導者也反映了我們是什麼樣的人。現在美國人的平均閱讀能力只有八年級的程度[2]，而且有將近50％的美國人都不相信演化論[3]，因此我們也擁有了正好匹配人民程度的政府。

　　我們都知道當前的世界經濟體是奠基在無止盡地消費和拋棄之上，而且還破壞了地球環境。我們都是環境的罪人，是那種「用完即丟」的消費

者，經常買一些想要但不是必要的商品，而且似乎永不滿足。

　　現在的日子很艱困，當大家看到了高科技、高風險、高汙染的經濟體系帶來的後果，很多人開始質疑瘋狂消費的生活型態。我們都渴望更簡單的生活，簡單的生活是奠基在正確地使用科技之上，而非拒絕所有的現代科技。

　　美國政府的運作系統總是贏家通吃、不按照比例分配，而且大部分的聯邦政府和主流媒體都受到保守、反環保的勢力掌控，所以很多公民都被剝奪了選舉權利。現在的我們比以前更需要鼓吹公民民主，我們要靠著大聲發言、團結合作、自願加入，或捐款支持公民團體，才可以在民主中保有發聲的地位。

　　現在當我看著自己的公司，我發現自己需要對抗的最大挑戰之一就是自滿。我總是說我們經營巴塔哥尼亞的方式就是假設公司可以繼續存在百年，但是那並不代表我們真的有 100 年的時間來達到這個目標！公司能否成功和壽命的長短，都端視於我們有沒有快速改變的能力。企業需要保有一股急迫感才能持續地改變與創新，這種急迫感就是要維持一種高度的秩序，特別是在巴塔哥尼亞看似悠哉的企業文化裡。其實我賦予公司各經理人最大的任務之一，就是要求他們要帶頭做出改變，因為這是企業得以長期存續的唯一途徑。

　　大自然和企業一樣，自然一直在演化，生態系統也透過嚴重的天災或是自然選擇，來維持可以適應環境的物種的生命。健康的環境在運作時需要多樣性和變異性，這跟成功企業的需求一樣，如果企業有決心願意持續做出改變，就能發展出多樣性。

　　我們的現狀充斥了太多自滿的情緒，不管是企業界或環保前線都一樣。只有站在生態系統的邊緣和系統最外圍的部分，演化和適應才會疾速進行；僵固、無法適應環境的物種會死在系統的中心，因為這些物種堅持維持現狀，因而注定走上失敗的道路。企業也會經歷一樣的循環。傳統企業位於圓圈的正中心，最後這類企業都會垮台，原因可能是因為自己犯了大錯，也可能是因為發生悲劇性的事件，例如經濟不景氣，或出現未曾預

克萊兒・修納（Claire Chouinard）在樹上的隼巢旁。1987 年攝於魁北克卡斯卡披地河。
© Yvon Chouinard

見的競爭。只有那些在營運時能夠保有急迫感，能夠在邊緣漫舞、持續進化、接納多樣性和新做法的公司，才能夠在世界上繼續生存百年。

我們也可以用一樣的譬喻說明社會，運動人士在外側邊緣運作，阻止住在中心那些保守、自滿者的腳步。這些運動人士了解如果不迅速展開行動，我們未來就無法擁有可居住的地球。

一路走來，是人類造成了這一片混亂，因此我們也必須要整頓這一切。如果世界不傾聽我個人的發言，或許他們會傾聽一家有千位成員企業的聲音。我無法改革整個傳統農業，但是我可以保證巴塔哥尼亞只會購買有機棉花，而且我也可以說服其他公司購買有機棉。我們可以努力讓公司餐廳逐漸只販賣用有機農法種植的產品。如果大家對永續種植的作物需求成長得夠高，那市場就會改變，企業就需要做出回應，政府也就會跟著大家走。

我沒有勇氣自己站到前線當運動人士。我支持太多的好議題，而且我站在前線時總會受到嚴重挫折。但是我對行動主義的信任十分強烈，所以我願意捐出大筆金錢，支持那些勇於在戰壕中奮鬥的人。

我對邪惡的定義與大部分人都不一樣。邪惡不一定是蓄意行動；它可能只是缺乏善意。如果你有能力、資源和機會去做好事，但是你卻沒有行動，那可能就是一種邪惡。

所謂的「美國夢」就是擁有自己的公司，並讓公司以最快的速度成長到可以賣出，然後退休去「悠哉時光高爾夫球場」打球。公司本身才是真正的產品，你賣的是洗髮精還是地雷根本沒差。從短期總帳的角度來看，員工訓練、公司內部托兒制度、汙染控制和舒適的工作環境等等長期資本投資，全部都是負分。當公司變成了一隻肥牛，就可以將公司賣掉以求利潤，公司的資源和股份常常就此消失、四分五裂，家族關係和地區經濟體的長期健全也因此崩潰。將企業視為可丟棄的個體這種觀念，散布在社會的各個層面中。

當你擺脫「公司是一項產品，要在最短期限內銷售給最高出價者」這種想法時，公司內部的所有未來相關決策都會因此受到影響。當老闆、管理階層認知到公司存在的時間會比自己在位的時間還要長，就會知道自己

的責任不只是賺得利潤而已，或許他們還會認為自己是企業文化、資產，當然還有員工的督導者及保護者。

過去有許多好的組織引導我們生活，例如社交俱樂部、宗教、運動隊伍、鄰居、核心家庭，它們都擁有一種向心力。然而，這些團體的數量現在已經逐漸減少，因此帶來了某種空虛感。上述組織能讓我們覺得自己歸屬於某個團體，而且這個團體裡的成員正努力朝共同的目標邁進。現代人還是需要這類道德領導機構，來讓人們了解自己在社會中扮演的角色，而企業正好可以彌補這種空虛，只要企業能夠向員工與顧客展示出自己對企業道德責任的清楚理解，就能夠協助員工和顧客處理自己的道德責任。

巴塔哥尼亞永遠無法擔負起百分之百的社會責任，也永遠無法製造出完全永續、不造成破壞的產品，但是巴塔哥尼亞下定決心要努力嘗試。

我實在很難想像有哪種經濟體能滿足全球 70 億人口，卻不對地球造成傷害。就目前的情況來看，我們已經消耗掉相當於一個半地球的資源，這樣的消費水平遠遠超過了永續發展的水準。到 2050 年，資源消耗量甚至估計會上升到相當於 3.5 ～ 5 個地球。[4] 未來，我們似乎注定要無止盡地回收再利用已經失靈的環境系統，並奢望地球可以恢復正常運作。我們總是重複做同樣一件事情，卻期待能有不同的結果，如同我們過去的所做所為，或許這就是一種精神錯亂的行為。那麼，我們應該怎麼做呢？很明顯的，我們應該替換掉沒有效率且會汙染環境的科技，改用破壞較少也更乾淨的科技。然而，這樣做並沒有解決根本的問題 —— 有限的星球沒辦法承受無止盡的擴張。

社會鐵了心要把所有事情弄得錯綜複雜，結果最終把自己困在角落中，角落裡還塞滿了一堆人類製造的東西。但是，這並不表示我們得繼續這麼走下去。我們可以如大衛‧布羅爾所說的：「轉過身去，向前邁進一步。」開始做一些有利於人類福祉和地球健康的事情。

我們得要拋棄「所有成長都是有益的」這種想法，因為經濟是成長得越來越胖，還是成長得越來越壯，兩者之間有很大的差異。如果有一個方法可以扭轉現況，我想它將會跟「節制」、「品質」，以及「簡樸」三個

關鍵字有關。

　　我們都知道地球的資源有限，所以要減少消費，這麼一來，很多人會失去工作。然而，隨著自動化、機器人和新科技的出現，未來的工作機會本來可能就不多。如果我們想要保住一些人的飯碗，或許就必須改變消費習慣，只購買必要而非想要的商品；此外，還要確認我們購買的東西是多功能、耐用、可維修、高品質，而且不會退流行的，甚至要可以延續給下一代使用。

　　我認為舊時的手工藝絕對不會被現代科技取代，我可以舉出很多例子，比如一個匠人如果能花 40 個小時製作出優美且實用的竹製飛蠅釣釣竿，那麼他一定不會失業。或是看看那些從事「綠色革命」的農夫，他們坐在附有空調的拖拉機裡，生產一些次級、甚至有毒的食物。再拿小型的有機農夫和園丁與他們比較，有機農夫和園丁能在使用手工農具，以及步行於犁田的牛和馬後頭時，獲得滿足與愉悅。

　　我有一位朋友，他衝浪時用的是夏威夷主教博物館中一塊 18 世紀木造衝浪板的複製品，那塊衝浪板沒有板鰭，形狀窄且扁平，就像燙衣板一樣。但是，他的水上表現可比 99％使用現代塑膠衝浪板的衝浪客來得好。

　　全世界的專業負重者都是用頭來承擔物體的重量，從頂著巨大水罐的非洲女人，到用頭帶乘載雙倍行李重量（110磅）的雪帕都是如此。實際上，聯合國曾經做過一份研究，證明用傳統負重方式載物的效率，高過現代的高科技背包 50％。

　　沙克爾特爵士那艘名為凱爾德號（the James Caird）的救生艇從南極洲航行至南喬治亞群島時，船上的木匠只帶了三個維修器具，因為他知道他只需用這三個工具，就能造出一艘新船，如果真的有這個必要的話。

　　我認為如果你能學會「簡化」、學會用知識取代新的科技，就能掌握任何事物的精髓。因為你知道得越多，需要的就越少。

　　我也在自己的生活中落實「簡化」，從那些微小的嘗試中，我深刻地認識到如果我們必須、或選擇過更簡單的生活，人生並不會變得更糟，反而可以在幾個真正重要的層面上變得更加富足。

弗萊契 · 修納與蓋瑞 · 洛佩茲正在討論衝浪板的外型。© Tim Davis

上圖　迪克·迪爾沃斯、道格·湯普金斯和伊方·修納登上費茲羅伊峰的頂峰。攝於1968年。
© Chris Jones

Thank You
感謝

　　謝謝我的姪子文森·史坦利，他負責管理批發、撰寫型錄文稿，而且也是巴塔哥尼亞公司的歷史學家。感謝我的編輯兼朋友查理·克雷黑德，他能夠神奇地組織我的混亂思緒。感謝道格·湯普金斯與蘇西·湯普金斯，是他們為巴塔哥尼亞鋪出了路。感謝克莉絲·麥迪維特，她多年來都從事大家討厭做的工作，我還要感謝巴塔哥尼亞過去和現在的所有最佳員工，因為他們協助實現了我們深信為真的信念。

參考書目

Chouinard, Malinda, Jennifer Ridgeway, and Anita Garroway-Furtaw. Family/Business: A Visual Guide to Patagonia's Child Development Center. Ventura, California: Patagonia, 2016.

Chouinard, Yvon, Craig Mathews, and Mauro Mazzo.

Simple Fly Fishing: Techniques for Tenkara and Rod & Reel. Ventura, California: Patagonia, 2014.

Chouinard, Yvon, Dick Dorworth, Chris Jones, Lito Tejada-Flores, and Doug Tompkins. Climbing Fitz Roy, 1968: Reflections on the Lost Photos of the Third Ascent. Ventura, California: Patagonia, 2013.

Chouinard, Yvon, and Vincent Stanley. The Responsible Company: What We've Learned from Patagonia's First 40 Years. Ventura, California: Patagonia, 2012.

Dagget, Dan. Gardeners of Eden: Rediscovering Our Importance to Nature. Santa Barbara, California: Thatcher Charitable Trust, 2006.

Fukuoka, Masanobu. The One-Straw Revolution: An Introduction to Natural Farming. 3rd ed. Translated by Larry Korn, Chris Pearce, and Tsune Kurosawa.

New York City: New York Review Books Classics, 2009.

Gallagher, Nora, and Lisa Myers. Tools for Grassroots Activists: Best Practices for Success in the Environmental Movement. Ventura, California: Patagonia, 2016.

Jeavons, John. How to Grow More Vegetables (and Fruits, Nuts, Berries, Grains, and Other Crops): Than You Ever Thought Possible on Less Land Than You Can Imagine. 8th ed. Berkeley, California: Ten Speed Press, 2012.

Klein, Naomi. This Changes Everything: Capitalism vs. the Climate. New York City: Simon & Schuster, 2014.

Ohlson, Kristin. The Soil Will Save Us: How Scientists, Farmers, and Foodies Are Healing the Soil to Save the Planet. New York City: Rodale Books, 2014.

Schumacher, E. F. Small Is Beautiful: Economics as if People Mattered. Reprint ed. New York City: Harper Perennial, 2010.

附註

推薦序（p.005）

1. http://www. globalcarbonproject. org / carbonbudget/15/hl-full. htm, September 21, 2014.

2. Jerry M. Melillo, Terese (T.C.) Richmond, and Gary W. Yohe, editors, Climate Change Impacts in the United States: The Third National ClimateAssessment. U.S. Global ChangeResearch Program, 2014; http://nca2014. globalchange.gov/report/our-changing- climate/ sea-level-rise.

3. http //www.iea. org /publications/ scenariosandprojections/.

4. http://www.tyndall.ac.uk/ com- munication/news-archive/2015/ ipcc-2°c-scenarios-wildly-over-optimistic-commentary-nature-geoscience.

作者序（p.017）

1. http://environment.yale.edu /climate-communication / article/analysis-of-a-119-coun-try-survey-predicts-global-climate-change-awareness.

2. http://www.un.org/apps/news/ story.asp?NewsID=45165#. VqLR-TaKneA.

產品設計理念（p.107）

1. Philosophy http://www. onlineclothingstudy. com/2011/02/carbon-foot-print-measure-of-garments. html.

2. www.pan-uk.org.

3. http://www.sustainabletable.org /263/pesticides.

4. http://www.gmo-compass .org / eng /agri_biotechnology /gmo_ planting /257.global_gm_ planting_2013.html.

5. https://oecotextiles.wordpress. com/2009/07/14 /why-is -recycled-polyester-considered -a-sustainable-textile/#_ftn3.

人力資源理念（p.201）

1. https://www.americanprogress. org /wp - content/ uploads/2012/11 / CostofTurnover.pdf.

環境理念（p.223）

1. http://www.ucsusa.org / about/1992-world-scientists. html#.VudQt8esehM.

2. Gregory E. Pence, The Ethicsof Food: A Reader for the Twenty-first Century, 2002, p. 13.

3. Sandor Barany, editor, Role of Interfaces in Environmental Protection, 2012, p. 2.

4. Ecology Action, letter to Yvon from Jake Blehm; www. growbiointensive.org.

5. http://www.naomiklein.com /shock-doctrine/reviews / profiting-disaster-capitalism.

6. http://www.nejm. org /doi/full/10.1056 / NEJMra1109877?query =featured_home&.

7. http://www.nytimes.com/2014 /07/16/opinion /the-true-cost-of-a-burger.html.

8. http://science.sciencemag.org / content/297/5583/950.

9. http://www.cdc.gov/women/ lcod/2013/WomenAll_2013. pdf.

10. http://www.breastcancer.org / symptoms/understand _bc/ statistics.

11. http://www.msmagazine.com/ apr2k/breastcancer.asp.

12. http://www.alternet.org / environment/84000-chemi-cals-use-humanity-only-1-per-cent-have-been-safely-tested.

13. http://www.world- 26. wildlife. org /stories/ the-impact-of-a-cotton-t-shirt.

14. http://www.gracelinks.org /285 /the-hidden-water-in-every-day-products.

15. http://www.delorowater.com/ deloro/water-information/ h2o-trivia.html.

16. http://www.bbc.com/news / magazine-30227025.

17. http://www.vice.com/read/what -actually-happens-to-donat-ed-clothes.

18. http://www.wrap.org.uk/ content/ wrap-reveals-uks-£30-billion- unused-wardrobe.

19. http://www.fao.org /news/story /en/item/40893/icode/.

20. http://www.rainforestfounda-tion.org /commonly-asked-ques- tions-and-facts/.

21. http://www.numbeo.com/ quali- ty-of-life/rankings_by_ country.jsp.

22. http://climate.nasa.gov / climate_resources/24 /.

23. http://faostat3.fao.org / download/E/EL/E.

24. http://www.fao.org / docrep/017/ i1688e/i1688e. pdf.

25. http://www.panna.org /blog/ long-last-epa-releases-pesticide -use-statistics.

26. http://www.panna.org /blog / economics-atrazine-dont-add.

27. http://www.world-wildlife.

org /threats/ soil-erosion-and-degradation.

28. United Nations Conferenceon Trade and Development, "Trade and Environment Review2013: Wake Up Before It's Too Late," 51–53.

29. The Rodale Institute, "The White Paper," 13–15.

30. R. Lal, et al., "Soil Carbon Se-questration Impacts on Global Climate Change and Food Security," Science 304, no. 1623 (2004).

31. Judith D. Schwartz, "Soil as Car- bon Storehouse: New Weapon in Climate Fight?," Yale Envi- ronment 360 (March 4, 2014).

32. The Rodale Institute, "The White Paper," 8.

33. http://alumni.berkeley.edu / california-magazine/just-in/2015-03-10/new-global-warm- ing-remedy-turning-range- lands-carbon-sucking.

34. https://www.tum.de/en/about-tum/news/press-releases/short/ article/30452/.

35. http://ro daleinstitute.org /re -versing-climate-change-achiev-able-by-farming-organically/.

36. http://ro daleinstitute.org /re -

versing-climate-change-achiev-able-by-farming-organically/.

37. http://foundationcenter.org / gainknowledge/research/pdf / payout2012.pdf.

結語（p.281）

1. http://storyofstuff.org /wp - con- tent/uploads/movies/ scripts/ Story%20of%20Stuff. pdf; Paul Hawken, Amory Lovins, and L. Hunter Lovins, Natural Capital- ism: Creating the Next Industrial Revolution, 1999, p. 81.

2. https://en.wikipedia.org /wiki / Literacy_in_the_United_States.

3. http://www.gallup.com/ poll/170822/believe-creation-ist-view-human-origins.aspx?g_ source=Percentage%20of%20 Americans%20who%20do %20not%20believe%20in%20 evol&g_medium=search&g_ cam- paign=tiles.

4. http://www.unep.org /roe/ NewsCentre/tabid/7140/ EntryId/978512/Biggest-Day-for-Positive-Environmental-Action-Kicks-off-with-a-Call-to- Consume-with-Care.aspx.

上 圖　智利高喬人反對艾森水力發電廠（Hidroaysén）在貝克河和帕斯夸河建立水壩。
© Henry Tarmy
右頁圖　© Amy Kumler

本書非常感謝能獲得版權所有人的允許，
引用下列文章：

CHOUINARD

chouinard equipment

P.O. BOX 150, VENTURA, CALIFORNIA 93001

左頁圖　剛打造好的岩釘。© Chouinard Collection
上　圖　修納戶外用品店的第一份型錄。

費茲羅伊峰。© Choongok Sunwoo

喬許‧華頓向最後一個橫切點邁出步伐。攝於加拿大亞伯達省聖殿山格林伍德洛克路線（Greenwood-Locke route）。© Mikey Schaefer

上 圖　在法加諾湖進行遠投線釣魚。位於阿根廷的火地島。請勿以假牙嘗試照片中動作！
© Doug Tompkins

右頁圖　道格‧湯普金斯在蘇格蘭的地獄煙囱岩（Hell's Lum）。這是我拍過的照片中最好的一張。藝術老師梅琳達說這張照片全由一連串的弧形構成。© Yvon Chouinard

「奇米‧維爾娜（Kimi Werner）是我最喜歡的巴塔哥尼亞大使之一，她跟大自然相處得
非常和諧。她直直地看著大母鯊的眼睛，知道牠很安全，不會造成威脅。攝於瓜達盧普
島（Guadalupe Island）。© Chris Wade

住在海岸的狼，這種狼的基因跟其他種狼的基因有顯著的不同，牠們以鮭魚蛋為食。攝於英屬哥倫比亞省北海岸。© Ian McAllister

當下一個世代的教練。© Jessica McGlothlin

《水壩大國》的製片麥特‧斯托克爾和演員賈斯柏‧帕科寧已站定,準備好拆除萬塔河
（Vantaa River）上的水壩。攝於芬蘭赫爾辛基。© Juha-Matti Hakala

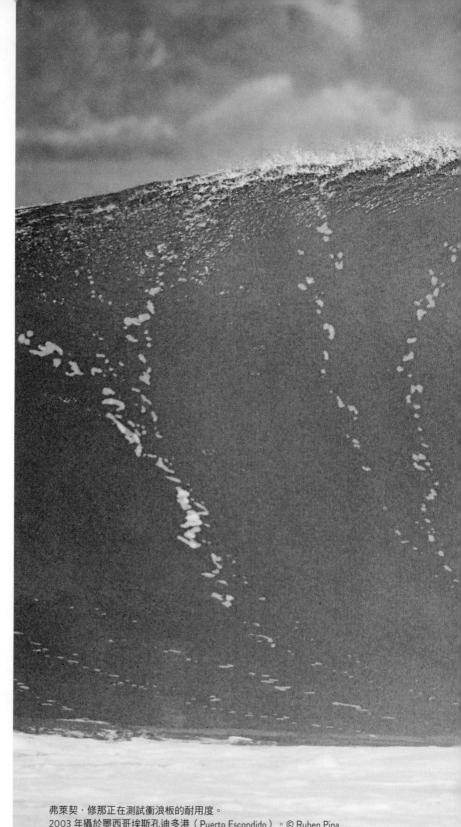

弗萊契・修那正在測試衝浪板的耐用度。
2003 年攝於墨西哥埃斯孔迪多港（Puerto Escondido）。© Ruben Pina

　最終還是自然勝利了。© Layne Kennedy

地球觀 06

patagonia

對地球最好的企業

Let My People Go Surfing
The Education of a Reluctant Businessman,
Including 10 More Years of Business Unusual

* 初版書名為《任性創業法則》
二版書名為《越環保，越賺錢，員工越幸福！》

作　　者　伊方‧修納（Yvon Chouinard）
譯　　者　但漢敏

野人文化股份有限公司
社　　長　張瑩瑩
總 編 輯　蔡麗真
責任編輯　陳瑾璇
校　　對　魏秋綢
行銷企畫　林麗紅
封面設計　萬勝安
美術設計　洪素貞

讀書共和國出版集團
社　　長　郭重興
發 行 人　曾大福
業務平臺總經理　李雪麗
業務平臺副總經理　李復民
實體通路組　林詩富、陳志峰、郭文弘、王文賓、賴佩瑜、周宥騰
網路暨海外通路組　張鑫峰、林裴瑤、范光杰
特販通路組　陳綺瑩、郭文龍
電子商務組　黃詩芸、高崇哲、陳靖宜
專案企劃組　蔡孟庭、盤惟心
閱讀社群組　黃志堅、羅文浩、盧煒婷
版 權 部　黃知涵
印 務 部　江域平、黃禮賢、李孟儒
出　　版　野人文化股份有限公司
發　　行　遠足文化事業股份有限公司
　　　　　地址：231 新北市新店區民權路 108-2 號 9 樓
　　　　　電話：（02）2218-1417　傳真：（02）8667-1065
　　　　　電子信箱：service@bookrep.com.tw
　　　　　網址：www.bookrep.com.tw
　　　　　郵撥帳號：19504465 遠足文化事業股份有限公司
　　　　　客服專線：0800-221-029
法律顧問　華洋法律事務所　蘇文生律師
印　　製　成陽印刷股份有限公司
初版首刷　2008 年 3 月
二版首刷　2017 年 2 月
三版首刷　2021 年 7 月
三版 2 刷　2022 年 12 月

國家圖書館出版品預行編目（CIP）資料

對地球最好的企業 Patagonia：1% 地球稅
x100% 有機棉革命，千方百計用獲利取悅員
工，用 ESG 環保商業力改變世界 !/ 伊方‧
修納(Yvon Chouinard)作；但漢敏譯. -- 三版.
-- 新北市：野人文化股份有限公司出版：遠
足文化事業股份有限公司發行，2021.07
　　面；　公分. -- (地球觀；6)
譯自：Let my people go surfing : the education
of a reluctant businessman, including 10 more
years of business unusual.
ISBN 978-986-384-548-5(平裝)
ISBN 9789863845492(EPUB)
ISBN 9789863845508(PDF)

1. 修納 (Chouinard, Yvon, 1938-) 2. 創業 3. 企
業經營 4. 傳記 5. 美國

494.1　　　　　　　　　　　　　110009012

對地球最好的企業
LET MY PEOPLE GO SURFING

線上讀者回函專用
QR CODE，你的寶
貴意見，將是我們
進步的最大動力。

野人文化
官方網頁

野人文化
讀者回函

野人文化
讀者回函卡

書　名 _____

姓　名 _____ □女 □男　年齡 _____

地　址 _____

電　話 _____　手機 _____

Email _____

□同意 □不同意　　收到野人文化新書電子報

學　歷　□國中(含以下)□高中職　　□大專　　　□研究所以上
職　業　□生產/製造　□金融/商業　□傳播/廣告　□軍警/公務員
　　　　□教育/文化　□旅遊/運輸　□醫療/保健　□仲介/服務
　　　　□學生　　　□自由/家管　□其他

◆你從何處知道此書？
　　□書店：名稱 _____　　□網路：名稱 _____
　　□量販店：名稱 _____　　□其他 _____

◆你以何種方式購買本書？
　　□誠品書店　□誠品網路書店　□金石堂書店　□金石堂網路書店
　　□部落格來網路書店　□其他 _____

◆你的閱讀習慣：
　　□親子教養　□文學 □翻譯小說 □日文小說 □華文小說 □藝術設計
　　□人文社科　□自然科學　□商業理財　□宗教哲學 □心理勵志
　　□休閒生活（旅遊、瘦身、美容、園藝等）　□手工藝／DIY □飲食／食譜
　　□健康養生 □兩性 □圖文書／漫畫 □其他 _____

◆你對本書的評價：（請填代號，1. 非常滿意　2. 滿意　3. 尚可　4. 待改進）
　　書名 ____ 封面設計 _____ 版面編排 _____ 印刷 _____ 內容 _____
　　整體評價 _____

◆你對本書的建議：
　　_____
　　_____
　　_____
　　_____

野人文化部落格 http://yeren.pixnet.net/blog
野人文化粉絲專頁 http://www.facebook.com/yerenpublish

廣　告　回　函
板橋郵政管理局登記證
板橋廣字第 143 號

郵資已付　免貼郵票

23141
新北市新店區民權路108-2號9樓
野人文化股份有限公司 收

野人

請沿線撕下對折寄回

野人

書號：0NEV6006